身边的病毒

冯勇 著

武汉出版社

寄　语

　　我们这一代人经历了很多与病毒相关的大事件。1976年非洲出现致死率超过50%的埃博拉病毒，1980年世界卫生组织宣布消灭了天花，1981年美国发现首例艾滋病患者。21世纪以来，三大冠状病毒流行（SARS病毒、MERS病毒、新冠病毒），2013年我国出现感染人的高致病性禽流感病毒H7N9，2014年非洲再次发生严重的埃博拉疫情，2015年南美暴发寨卡疫情等。各种病毒你方唱罢我登场，新发、再发传染病层出不穷，给人类社会造成严重影响。

　　现代社会发展模式，特别是越来越方便快捷的交通、人员往来，有利于病毒在人际间形成网络式传播，快速扩散到达世界的各个角落。人类生产生活大量地侵占野生动物栖息地，也大大增加了动物源性病毒溢出到人类的风险。现有的经济社会发展模式加速了疫病流行，疫病流行反过来又影响和制约社会发展。如何实现经济社会健康发展，同时减少和控制疫病流行，不仅仅是医学科学家需要思考的问题，也是摆在全人类面前的重大难题。

　　人类对于病毒的认识还不够充分，自然界中还存在大量未知的病毒。本书介绍了病毒的基本性质，感染宿主的方式和特点，列举了一些重大的感染人的病毒，可以让读者了解身边常见的病毒风险，以及如何进行有针对性的防范。作者的视野并不仅限于此，还通过对一些并不感染人的病毒，如各种植物病毒、水生动物病毒、环境中的病毒等内容的介绍，充分说明我们生活在一个充满微生物、病毒遍布的世界里，有史以来便是如此。无论是我们个人的身体健康，还是人类社会的健康发展，都取决于我们如何与病毒等微生物以及整个生态系统和谐共处。

期待本书为传播病毒相关的科学知识发挥积极作用，并得到读者的认可。

舒红兵

中国科学院院士、武汉大学教授

序

人类对病毒的了解，经历了漫长的时光。显微镜的发明，打开了人类观察微观世界的大门。19世纪末，俄国科学家伊万诺夫斯基通过陶瓷滤器过滤试验，发现了比细菌更小的微生物——烟草花叶病毒，开启了人类认识病毒的新纪元。随着技术的进步，一百多年来大量的病毒被发现。因此，人们逐渐认识到，人类其实生活在一个遍布病毒的世界里。

病毒一般是纳米级别的个体，种类繁多，通常能感染一切细胞型的生物。动物病毒如口蹄疫、禽流感、猪瘟、疯牛病等，导致牲畜疾病或死亡，给畜牧业造成巨大损失；植物病毒如烟草花叶病毒、大豆花叶病毒、水稻病毒等，也是重要经济作物减产甚至绝收的关键因素。当然，可能最让人们刻骨铭心的，是能够感染人并致病致死的各种人类病毒。

从古至今，人类便不断受到病毒的袭扰。从最初一无所知被动挨打，到逐步认识病毒的感染致病规律并主动防控，人类在和病毒的斗争中不断发展壮大。我国东晋著名医药学家葛洪所著的《肘后备急方》可谓中国第一部临床急救手册，其所述"乃杀所咬之犬，取脑敷之，后不复发"，不仅给出了人被狗咬之后的急救建议，也体现了预防接种及免疫的概念。此外，我国明朝有医书记载将天花康复者的皮肤结痂部分磨成粉，让健康孩童吸入，用于预防天花。天花病毒传播能力强，18 世纪曾在欧洲引起天花大流行，死亡数千万人。英国医生爱德华·詹纳在 18 世纪末叶，发现挤奶工因长期接触患有牛痘的奶牛反而不会患天花，便推广人接种牛痘的办法来预防天花并大获成功，被尊为免疫学之父。1980 年，世界卫生组织（WHO）宣布全球消灭了天花，这是人类有史以来第一次凭借科学技术主动消灭的一种致死病毒引起的传染病。

继天花之后，人类能够逐步消灭所有的病毒性传染病吗？这是一个尚无定论的问题。目前，人类与数十种重要病毒如冠状病毒、流感病毒、艾滋病毒、肝炎病毒、疱疹病毒、登革病毒、埃博拉病毒等进行着艰苦的博弈。而随着人类社会生产生活区域的不断扩张，越来越多的未知病毒被"挖掘"出来，引起新发传染病。也许，我们将不得不与包括病毒在内的各种生物共享这个星球，并努力在与病毒的博弈中找到平衡的支点！

近年来频繁发生的新发、突发疫情警示我们需要更加尊重自然规律和生态和谐。加强病毒基础研究、疫苗和药物的研发是人类防控病毒性传染病的必由之路，在这一进程中，需要培养、充实各方面的人才并得到社会的理解。冯勇博士编写的这本科普读物，以通俗的语言和科学的视角呈现了一个有趣的病毒世界，相信可以为广大读者深入地了解病毒打开一扇窗，也定会对病毒性传染病的防控大有裨益。

武汉大学教授、病毒学国家重点实验室主任、中国微生物学会病毒学专委会副主委、湖北省生物工程学会理事长

Contents

Contents | 目录

身边的病毒

第1章

奇特的病毒
QITE DE BINGDU

第1节 微小而神秘

从庞大的蓝鲸到渺小的蚊蚋，在自然界中，我们可以看到无数神奇的生命。然而不止如此，在高山、在海洋、在雪山、在丛林，甚至是在幽暗的深海、沸腾的热泉里，还生活着各种各样人的肉眼看不见的微生物。你可能没有想到的是，即便是我们的身体内部，也活跃着各种微生物，是一个热闹的"微生态系统"。

常见的微生物有细菌、病毒、真菌等。病毒是一种非细胞形式的生命体，通常极为微小，但却非常独特。

□ 开启微观世界之门

17世纪之前，人们无法理解生命如何产生。腐肉生蛆、腐草化萤，一些不容易观察到其繁衍方式的生物，如各种寄生虫、昆虫等，看起来更像是从环境中自然发生的。人体的疾病，被认为是体内的"体液"或"五行之气"的平衡被打破的结果；而传染性的瘟疫，则是某些神秘未知的"气""毒""粒子"等传播造成的。

1590年前后，荷兰人扎哈里耶斯·詹森用两块透镜制作出了现代光学显微镜的雏形。在此基础上，著名的英国科学家罗伯特·胡克改进了显微镜，并在1665年出版了著名的《显微图谱》。书中附有五十多幅精美的织物、木材及昆虫等的

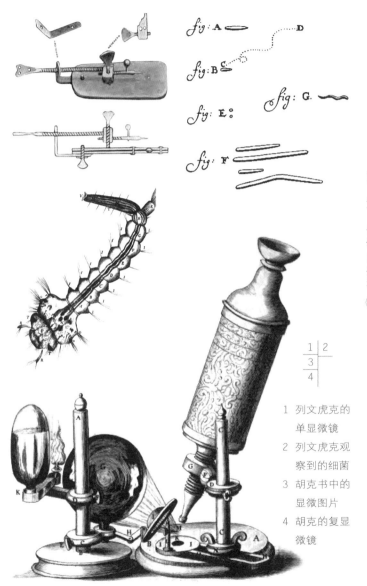

1 2
3
4

1 列文虎克的
　单显微镜
2 列文虎克观
　察到的细菌
3 胡克书中的
　显微图片
4 胡克的复显
　微镜

微观图片。第一个真正看到微生物的，是荷兰人列文虎克。列文虎克1632年出生于代尔夫特，16岁时到阿姆斯特丹的一家亚麻布制品店打工，6年后回到老家自己经营店铺，也在业余时间琢磨他最喜欢的显微镜研究。也许是亚麻制品商人验货时的特殊镜片给了他灵感，他手工磨制了一块透镜，装在一片金属板上，制成了一个简易的显微镜，清楚地看到了牙垢、水滴、井水中"微小的活动物"，并画下了其中某些细菌的形态。列文虎克对微生物、精子细胞、毛细血管及昆虫生活史、动植物组织结构的研究，对寄生虫学、微生物学等领域都颇有贡献，在与"自然发生说"的论战中做出了重要贡献。

列文虎克用显微镜开启了人类对肉眼看不见的微观世界的探索之旅，引导人类进入了实验微生物学的时代。

□ 细菌与疾病

法国科学家路易斯·巴斯德用实验证明了发酵和腐败是由微生物引起的。但这些微生物到底是从哪里来的？这涉及生命的起源问题，而微生物的产生则是从非生命到生命之间重要的一环。古希腊哲学家亚里士多德支持生命的"自然发生论"，认为不同的物质中会产生出特定的物种。高等动物通过"动物热"产生，而低等动物则是从泥土和黏液中产生的，潮湿的泥土会产生老鼠，晨露与黏液结合会产生蠕虫、昆虫。17世纪之前，"自然发生论"占主导地位。1688年，意大利医生弗朗切斯科·雷迪用实验手段挑战了"自然发生"的猜想。他观察了苍蝇留在牛羊肉上的卵，记录了卵的发育过程，发现不同的蛹变成不同的苍蝇。雷迪发表了论文《昆虫发生的试验》，说明苍蝇来自虫卵，否认了水和粪土或者腐肉结合就可以产生昆虫的假说。

但即使是在雷迪发表他的实验结果之后，对"自然发生论"的争论仍未平息。直到19世纪60年代，巴斯德通过令人信服的"曲颈瓶实验"，才彻底动摇了"自然发生论"的观点。在那个时代，细菌等微生物已经可以通过显微镜进行直观的观察。巴斯德在一个曲颈烧瓶和一个竖直开口的烧瓶中装入培养基，然后煮沸消毒，使其中的液体培养基都变得无菌。烧瓶中的培养基冷却后，空气里的尘埃携带细菌等微生物进入竖直瓶颈的烧瓶，培养基因微生物繁殖而腐败；而由于瓶颈弧度的原因，在弯曲瓶颈的烧瓶中尘埃和微生物会沉淀在烧瓶的颈部，无法到达瓶内的培养基上，故瓶内的培养基始终无菌而不会腐败。"曲颈瓶试验"虽然没有说明微生物是怎么产生的，但却证明微生物不会从培养基中无端产生。巴斯德也证明，即使是非常容易腐败的液体，如牛奶、酒等，如果得到适当的无菌处理，都能够保持新鲜而不变质。巴斯德发明的巴氏消毒法（短时间高温处理牛奶或红酒，杀灭病原微生物，同时尽量保持其他物质不被破坏）为食品工业的保鲜储存做出了划时代的贡献，至今仍被广泛使用。

巴斯德的发现大大拓展了人们的思想。19世纪下半叶，细菌学进入了大发展时期。英国外科医生约瑟夫·李斯特把巴斯德的病菌说和消毒概念引入外科手术，防止术后感染，极大地改善了外科手术后的感染状况。与巴斯德同一时代的德国人罗伯特·科赫用培养基在体外培养细菌，在人类历史

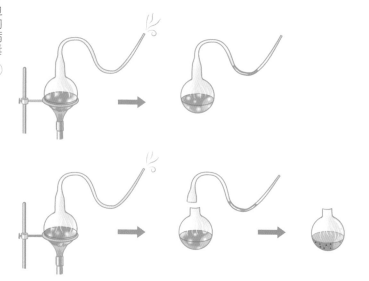

上第一次分离出了炭疽杆菌、结核杆菌、伤寒沙门菌、霍乱弧菌等病原体。科学的实验设计大大提升人们的信服程度。科赫证实，特定的细菌可以引起特定的疾病，如炭疽杆菌引起炭疽病，结核分枝杆菌引起结核病等。

当时的科学家还不清楚，脓血中的微生物是外伤后发生化脓性感染的原因还是结果。科赫将患病动物的血液输入健康小鼠，随着细菌的增殖，小鼠就会出现脓毒性疾病。科赫的实验证明，化脓性感染、败血症、脓毒血症等疾病都与微生物有关。至此，尽管仍旧没有足够的证据说明微生物到底从何产生，但越来越多的科学家开始相信，从人类诞生以来，微生物就早已存在，并一直生存在我们周围、体内。

炭疽是一种主要发生于牛、羊等家畜的传染性疾病，但也可通过接触传染给人。患炭疽病的人会出现局部的严重皮肤溃疡、腹泻、呕吐、呼吸衰竭等症状。引起炭疽病的是一种杆状细菌，个体较大，发病时大量存在于被感染动物的血液之中，通过显微镜检查血液就可以发现。科赫把患炭疽病动物的脾脏取出一小块，培养于母牛眼球的房水中，经过20至30代的培养之后，培养物仍可迅速杀死小白鼠，其致死能力与患病动物的血液差不多。由此科赫得出结论：炭疽病并不是由血液中的某种毒素造成的，而是感染了这种在显微镜下呈杆状的细菌的结果。患病动物的血液可以传播炭疽，也不是血液本身的问题，而是因为其中所携带的病原体——炭疽杆菌。

科赫被称为现代细菌学之父，他最重要的成就之一，就是发现了炭疽病的病原体——炭疽杆菌。科赫开启了多种细菌及相关传染病的研究，为人类认识和控制传染病奠定了基础。他提出的科赫法则，为病原菌的确定提供了科学的原则，影响深远。

科赫法则

1. 病原微生物只出现于患病的个体，而在健康个体中不存在；

2. 可以将病原微生物从宿主体内分离出来并进行纯培养；

3. 将分离培养得到的微生物接入健康的宿主，可使其产生相同的疾病；

4. 从这个患病的宿主身上可以重新分离出相同的微生物。

□ 比细菌更小

19世纪70年代至20世纪20年代的前后50多年，是发现病原菌的黄金时代，被发现并鉴定出来的病原体有上百种。许多疾病由于病原体的发现而获得了有效的防治，人们生活的卫生条件和健康状况也得以改善。1884年，巴斯德的同事查尔斯·钱博兰发明了一种陶瓷滤器，利用未上釉的陶瓷材料中孔径小于细菌的微孔，这种滤器可以过滤掉所有的细菌。实验室可以利用这种设备获得无菌液体，家庭中也可以方便地获得无菌的饮用水了。

烟草原本是生长在墨西哥的一种植物，15世纪到16世纪，哥伦布、麦哲伦等航海家把烟草带回欧洲，之后烟草种植很快普及开来。烟草在种植中容易染上一种叫做"烟草花叶病"

的疾病：先是幼叶侧脉和支脉附近的一些组织出现半透明的现象，继而发展成黄绿相间的斑块，最后演变成大面积的褐色坏死斑，烟草植株不能正常生长，造成巨大的经济损失。

1876年，年轻的德国农业化学家麦尔赴荷兰担任瓦格宁根农业试验站的主任，开始了对烟草花叶病的观察与实验研究。麦尔先后从气温、光照、土壤等方面寻找烟草花叶病的病因，但是都没有收获。当时，科赫关于炭疽杆菌的发现已在学术界产生了广泛的影响，越来越多的人开始接受一些动物疾病是因为感染了某种特定的细菌造成的这一细菌致病理论。走投无路的麦尔想，烟草花叶病会不会也像炭疽一样，是由于感染某种病原体细菌造成的呢？于是，麦尔模仿科赫的研究方法，将患病烟草的叶片捣碎，提取汁液注入健康烟草的叶脉。麦尔发现，健康烟草在注入患病烟草叶片提取液后长出的叶片，几乎都出现了花叶病的症状。但是，麦尔使用当时最先进的光学显微镜也未能观察到这种假想的细菌。而且，在培养皿中培养这些提取物，也没有培养出任何可传染烟草花叶病的细菌。

麦尔虽然没能揭开烟草花叶病的秘密，但他的工作激励了更多科学家的思考和探索。1892年，俄国科学家伊万诺夫斯基发表论文，说他利用钱博兰滤器过滤患烟草花叶病的烟草叶片提取物时，发现过滤前后的提取物都能使烟草患病。这说明滤液中仍然存在一种可以使健康烟草染病的物质。伊万诺夫斯基认为，这种物质可能是某种细菌所分泌的"毒素"。遗憾的是，伊万诺夫斯基并没有对这一发现进行深入的思考与探索。伊万诺夫斯基已经站在了一个伟大发现的门前，却

烟草花叶病　张方

转身离开了。

与此同时，荷兰微生物学家马丁内斯·贝杰林克也在做关于烟草花叶病的研究。贝杰林克同样发现，过滤后的患病烟草叶提取物中虽然不能观察到任何细菌，却具有感染健康烟草的能力。但贝杰林克并没有放弃，他将滤液进行大剂量稀释后，进行了一组对比实验。贝杰林克发现，稀释后的滤液和未经稀释的滤液相比，感染健康烟草的程度几乎没有差别。而且，被稀释滤液感染的患病烟草叶的汁液仍然具有很强的感染性，健康烟草接种其汁液后仍然都会出现花叶病症状。贝杰林克由此推断，滤液的感染性并不是来自某种无生命的化学物质，而是因为其中含有特殊的"传染性活流质"。贝杰林克把这种"传染性活流质"称为"Virus"（病毒）。

病毒这种具有感染性的、比细菌更小的生命体，自此开始一步步走进了人们的视野。

第2节　病毒是什么

□ 活的物质

贝杰林克提出了"病毒"的概念，但因为不能解答"病毒"到底是什么，学术界仍对他的观点存在许多质疑。1929 年，美国科学家文森在处理烟草病叶提取液时发现，添加藏红、丙酮、乙醇等沉淀剂后，病叶提取物中的"病毒"会发生沉淀，沉淀物不再具有传染性；而去除其中的藏红后，提取物又会恢复传染性。文森认为，这是"病毒"跟沉淀剂发生化学反应的缘故。所以，烟草病叶中的这种"病毒"很可能是一种化学物质。1933年，29岁的美国科学家温德尔·斯坦利开始研究烟草花叶病毒。他发现，胰蛋白酶能抑制烟草花叶病毒提取物的传染性，但其传染性仍能恢复；而胃蛋白酶则能使其水解，从而彻底失去传染性。据此，他认为烟草花叶病毒应该是一种蛋白质。1935年，使用当时极其繁琐的传统纯化技术，斯坦利终于从1吨发病的烟草叶子中纯化获得了一汤匙结晶物质。这些晶体在稀释10亿倍或多次重复结晶后仍具有感染性。斯坦利分析了这些结晶，发现主要成分是蛋白质。由此，斯坦利提出烟草花叶病毒是一种自催化蛋白质，并且这些蛋白质只能在活的细胞内增殖的观点。斯坦利因在病毒蛋白质的分离、纯化与结晶方面的突出贡献，与萨姆纳、诺斯罗普一起被授予1946年的诺贝尔化学奖。这是病毒研究领域的第一个诺贝尔奖。

斯坦利从患病烟草叶的提取液中浓缩、分离出蛋白质结晶，并用实验证明这种蛋白质结晶具有传染性，能够进行自我增殖。自我增殖是生物才具有的特征，如果像蛋白质这样的化学物质具有自我增殖能力，那么生命和物质之间的界限岂不是要重新划分？斯坦利的发现也引来了许多科学家的质疑：斯坦利的烟草花叶病毒结晶纯度如何？它果真只是蛋白质吗？

□ 目睹病毒

　　1936 年，英国科学家鲍顿和皮里合作，对烟草花叶病毒结晶进行了进一步的深入研究。他们发现：烟草花叶病毒大约是由 95% 的蛋白质和 5% 的核糖核酸（RNA）组成的核酸蛋白质复合体。至此，距离彻底揭开病毒神秘的"面纱"，只剩下了最后的一步。同样是在这一年，年仅 30 岁的德国科学家恩斯特·鲁斯卡和博多·冯·博里斯一起，在西门子公司的支持下，在柏林设立了电子显微镜实验室。1939 年，世界上第一台商用电子显微镜正式问世，人类终于"亲眼"看到了烟草花叶病毒的"真身"。随后，借助先进的观察手段，越来越多的病毒被发现。病毒的形态、结构和化学本质也逐步被揭示出来。

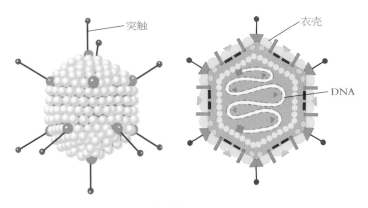

突触　　　　　　　　　　　衣壳

DNA

腺病毒结构示意图

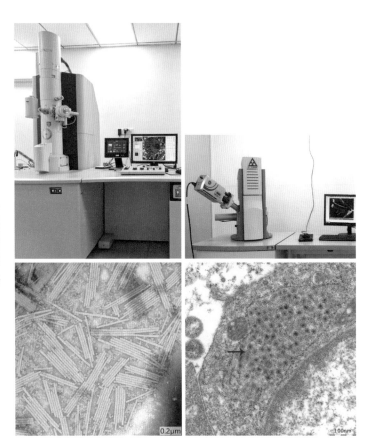

1	2
3	4

1　透射电子显微镜　　　　　　　何远

2　扫描电子显示微镜　　　　　　何远

3　烟草花叶病毒显微照片

4　宿主细胞内的口蹄疫病毒显微照片　沈超

病毒是形态最微小、结构最简单的微生物。病毒没有细胞结构，仅有一种类型的核酸（DNA 或 RNA）作为其遗传物质，外围有蛋白质的衣壳保护。病毒因为缺少编码能量代谢或蛋白质合成所需元件（线粒体、核糖体）的遗传信息，只有在活细胞内才能显示出生命活性。仅靠几种蛋白质和核酸，病毒便具有了感染别的细胞并复制自己的能力，这也许从某种程度上体现了非生命物质跃升至生命体的一种过渡阶段。

人类对自然认识的深入离不开观测手段的进步。光学显微镜的发明促进了微生物学的发展；20 世纪 30 年代之后发展起来的电子显微镜技术，则大大推进了人类对病毒的研究。随着一系列重要发现的出现，病毒学作为一门独立学科在 20 世纪 50 年代后建立起来，人们对病毒这一独特的生命形态也有了更多的认识。

发现不止

经历数十年的探索，人类终于初步认识了病毒，但发现的脚步并未就此停止。

马铃薯原产南美洲安第斯山区，16 世纪中期被西班牙殖民者带到欧洲，17 世纪开始成为欧洲人重要的口粮。马铃薯适应性强、易种植、产量高、营养丰富，是仅次于小麦、水稻、玉米的全球第四大粮食作物。但马铃薯容易患病，软腐病、黑胫病、疮痂病、环腐病、块茎病等，都极大影响马铃薯植株健康，导致减产，马铃薯纺锤形块茎病就是其中常见的一种。患马铃薯纺锤形块茎病的马铃薯植株矮化，生长缓慢，叶子变小、扭曲，块茎伸长，表面光滑，芽眼更多。这种病很容易通过健康植株与患病植株接触、污染的栽培设备以及种子和花粉传播。自1922年报道这种马铃薯病害以来，导致此病的病原体一直被认为是一种植物病毒。但随着生命科学技术的进步和对病毒的研究发展，科学家发现该病的病原体沉降系数低，对核糖核酸酶（可剪切RNA的酶）处理敏感；但对脱氧核糖核酸酶（可剪切DNA的酶）和苯酚、氯仿、正丁醇、乙醇等蛋白质变性剂处理不敏感。原来，导致马铃薯纺锤形块茎病的病原体是一种短的、游离的RNA分子。仅仅一条RNA分子，就造成了马铃薯纺锤形块茎病的感染！

　　病原体的理化参数得到之后，美国植物学家西奥多·欧·迪内（Theodore O Diener）于1971年提出了"类病毒"（Viroid）一词，将这些小的、无蛋白质的传染性RNA与具有衣壳和基因组组合的常规典型完整病毒区分开来。迄今为止，科学家已检测到几十种不同的类病毒，其中大多数会引起重要经济作物的病害，如马铃薯、番茄、椰树、葡萄、柑橘、桃、苹果、梨、啤酒花等。

　　1730年，在欧洲一些牧场的绵羊中，发生了一种奇怪的疾病——羊瘙痒症。病羊情绪烦躁，不停地在栅栏、树干上摩擦挠痒，行动踉踉跄跄、浑身颤抖，最终瘫痪、死亡。解剖发现，死亡的病羊脑组织呈海绵状。这种疾病不仅能够在绵羊间传播，甚至能够从绵羊传染给山羊。20世纪下半叶，借助电子显微镜技术，人类对病毒的认识已经逐步深入，可在这些病羊的组织样本里，却找不到任何细菌或病毒。1957年，美国病毒学家卡勒顿·盖达塞克在新几内亚地区的库鲁人部落发现了一种称作"库鲁病"的怪病，患病者协调功能丧失，直至痴呆死亡。盖达塞克在实地调查后发现，当地人有食用死者脑组织的习俗。1963年，盖达塞克发现，库鲁病的病原体不具有DNA或RNA特性，可能是一种蛋白质。1972年，美国病毒学和生物化学家斯坦利·普鲁塞纳开始对羊瘙痒症进行研究。直到1980年，普鲁塞纳的团队终于明确，羊瘙痒症是由一种蛋白质感染因子引起的，他将这种不含核酸、仅由蛋白质构成的"病毒"称为"prion"，即"朊病毒"。自1986年首发于英国，曾在全球造成巨大经济损失和社会恐慌的"疯牛病"，也是朊病毒的"杰作"。

时至今日，人类已发现了类病毒、朊病毒、卫星病毒（satellite virus）等比病毒更为简单的致病因子。科学家们把这些致病因子统称为亚病毒（subvirus）。这些非同寻常的"微生物"不具有完整的病毒颗粒结构，仅为有感染性的RNA分子或特殊的蛋白质。它们也许算不上是真的病毒，但病毒也曾被认为算不上真正的生命体。可那又何妨？也许正是病毒和那些比病毒更加简单的亚病毒所具有的生命与非生命的双重属性，在一直推动着人类对生命本质的探索。

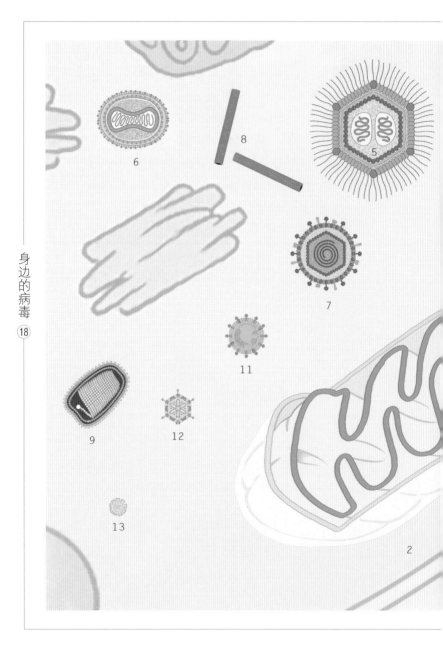

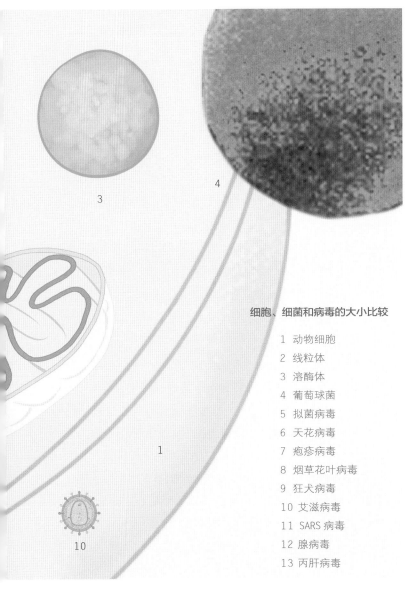

细胞、细菌和病毒的大小比较

1　动物细胞

2　线粒体

3　溶酶体

4　葡萄球菌

5　拟菌病毒

6　天花病毒

7　疱疹病毒

8　烟草花叶病毒

9　狂犬病毒

10　艾滋病毒

11　SARS 病毒

12　腺病毒

13　丙肝病毒

第3节　病毒家族

　　由于历史的原因，病毒的命名和分类标准曾比较混乱。如按照宿主类型，病毒可分为植物病毒、动物病毒和细菌病毒（噬菌体）；按遗传物质的不同，则可分为 DNA 病毒和 RNA 病毒；按照形态的不同，可分为球状病毒、杆状病毒、丝状病毒、冠状病毒等。在病毒的命名方面，有些病毒是以发现地命名的，如埃博拉病毒、马尔堡病毒、柯萨奇病毒、寨卡病毒等；有些是以其导致的疾病命名的，如肝炎病毒、脑炎病毒、脊髓灰质炎病毒等；有些是以发现者的姓名命名的，如劳斯氏肉瘤病毒、马雷克氏病毒等；有时候，还会把引起相似症状或通过相似途径感染的多种病毒归并在一起，如呼吸道病毒、肠道病毒、肝炎病毒、脑炎病毒等。这些分类和命名方法，与病毒本身的生物学性质和病毒的系统发生关系不大。

　　为了解决这些问题，1966 年，在莫斯科举行的第九届国际微生物学代表大会上，成立了"国际病毒命名委员会"（简称 ICNV）。1974 年，"国际病毒命名委员会"改为"国际病毒分类委员会"（简称 ICTV）。ICTV 综合病毒的形态、基因组特点以及其他理化性质，采用目、科、亚科、属、种的分类阶元，对病毒进行命名与分类。"种"是病毒分类的基本阶元。但由于病毒易变异，同一种病毒又常分为不同的型、亚型、株等。例如流感病毒可分为甲、乙、丙三型,其中甲型流感病毒致病力最强,还可以细分为 H1N1、H3N2、H5N1、H7N9 等不同亚型。在 ICTV 的沟通、协调下,全世界病毒学家对于病毒的命名与分类标准,逐渐规范和统一起来。

2020 年,ICTV 公布了最新版的病毒分类报告。在这个报告里,ICTV 认可的病毒和亚病毒共有 189 科、9110 种,这些病毒和亚病毒构成了一个庞大的病毒家族。

表 1 部分 DNA 病毒分科及重要代表病毒

病毒科	主要特点	主要成员(种)
痘病毒科	双链 DNA,有包膜	天花病毒、痘苗病毒、传染性软疣病毒、猴痘病毒
疱疹病毒科	双链 DNA,有包膜	单纯疱疹病毒 1 型、2 型、水痘带状疱疹病毒、EB 病毒、巨细胞病毒、人疱疹病毒 6 型、7 型、卡波西氏肉瘤病毒
腺病毒科	双链 DNA,无包膜	腺病毒
嗜肝病毒科	双链 DNA,有包膜	乙肝病毒
乳头瘤病毒科	双链 DNA,无包膜	乳头瘤病毒
小 DNA 病毒科	单链 DNA,无包膜	细小 B19 病毒

表 2　部分 RNA 病毒分科及重要代表病毒

病毒科	主要特点	主要成员（种）
正黏病毒科	单负链 RNA，分节段，有包膜	流感病毒
副黏病毒科	单负链 RNA，有包膜	副流感病毒、麻疹病毒、腮腺炎病毒、呼吸道合胞病毒、偏肺病毒
冠状病毒科	单正链 RNA，有包膜	冠状病毒
弹状病毒科	单负链 RNA，有包膜	狂犬病毒、水疱口炎病毒
丝状病毒科	单负链 RNA，有包膜	埃博拉病毒、马尔堡病毒
逆转录病毒科	单正链 RNA，有包膜	人类免疫缺陷病毒（艾滋病病毒）、人类嗜 T 细胞病毒

第2章

漫长的战役
MANCHANG DE ZHANYI

第1节　一个喷嚏

清晨 7 点，城市商业区的街道上人头攒动。人群中一位青年正从衣袋里掏出纸巾，突然，"啊嚏！"一个响亮的喷嚏暴发出来——他感冒了。

普通感冒是一种急性上呼吸道病毒感染性疾病，常因鼻病毒、副流感病毒、呼吸道合胞病毒、柯萨奇病毒、冠状病毒、腺病毒等侵入引起。感冒的人会有鼻塞、喷嚏、流涕、发热、咳嗽、头痛等表现。咳嗽和喷嚏是机体受刺激后，将异物排出体外的一种反应。打喷嚏时气流高速通过上呼吸道，可形成数万个飞沫颗粒。一个喷嚏可以把飞沫直接推送出两米左右的距离，悬浮在空气中的飞沫又可随气流飘散到更远的地方。感冒时产生的喷嚏飞沫中，除了水分、黏液、死亡的上皮细胞等外，还含有大量的致病病毒。

感冒青年的喷嚏，在周围形成了一团看不见的飞沫"云雾"，清晨的冷风又裹挟着这些飞沫飘向更远的地方。大部分飞沫逐渐落地，有一些飞沫落在了周围人的身上。人类的皮肤由表皮和真皮组成，真皮层中有丰富的血管和神经；表皮层则是由多层扁平的上皮细胞构成的。表皮最外的几层细胞没有细胞核和细胞器，细胞膜厚、不透水，称为角质层。皮肤角质层就像一层甲胄一样覆盖在人体表面，能阻止绝大多数细菌和病毒等病原体的侵入。

一些飞沫随着呼吸进入鼻腔，侵入了人的上呼吸道。人类的上呼吸道黏膜表面虽然没有皮肤表面那样的角质层，但黏膜中有丰富的分泌细胞和分泌腺，黏膜上皮细胞外还有大量的纤毛，经常协同进行规则的摆动。侵入上呼吸道的异物会被呼吸道黏膜分泌出的黏液粘住，变成痰液或鼻涕，被纤毛像扫帚一样"扫"出人体。皮肤和黏膜共同构成的这一道物理屏障，是人类免疫系统的第一道防线。这道防线能够阻止大部分病原体对人体的入侵。但仍有很多细菌和病毒，会突破第一道免疫防线，侵入人体内部。

人类免疫系统与病原微生物的较量，是一场已经进行了数百万年的战斗。在这场漫长的战斗中，曾有无数种病原体侵入人体。对此，人体免疫系统早已建立起了多重防线。在人体内部、细胞之间的组织液中，有无数"卫士"在日夜巡逻，这些"卫士"主要由中性粒细胞、巨噬细胞等吞噬细胞组成。吞噬细胞能够识别进入人体的"非我"病原体，将这些病原体吞噬、破坏。这些吞噬细胞和其他免疫成分如溶菌酶、补体等，能够对各种不同的病原微生物和异物的入侵作出相应的免疫反应，称为非特异性免疫或先天免疫，是人体免疫系统的第二道防线。

然而，在这一个清晨，一些隐藏在飞沫中的病毒，还是躲过了黏液的捕捉和纤毛的清扫，又突破了吞噬细胞等构成的第二道免疫防线，来到了呼吸道上皮细胞的表面。

腺病毒是引起普通感冒的主要病原体之一。腺病毒有一个由 252 个壳粒组成的呈 20 面体形状的衣壳，衣壳里的遗传物质是一条线状的双链 DNA 分子。腺病毒的衣壳上有一些

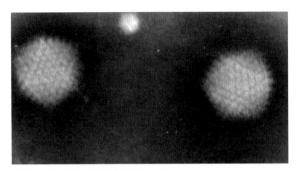

腺病毒的透射电子显微镜照片　Graham Colm

"触角"。依靠这些"触角"，腺病毒吸附在人体细胞表面，
开始入侵细胞，启动其寄生生命周期。

　　吸附在呼吸道上皮细胞上的腺病毒通过胞吞方式进入细
胞内，然后衣壳破裂，释放出病毒基因组。腺病毒基因组被
宿主细胞的转运蛋白转运进入细胞核，借助宿主细胞，在核
内完成子代病毒基因组的合成复制，在细胞质里完成子代病
毒蛋白质的合成。大量子代病毒蛋白质和基因组准备完毕进
行加工处理，装配形成新的子代病毒，成百上千的子代病毒
使得宿主细胞破裂崩解，得以释放。释放后的子代腺病毒扩散，
感染临近细胞，严重的情况下，病毒可扩散至肺部，造成腺
病毒肺炎。

　　大量的细胞被病毒攻陷，造成人体组织的病变。患者开
始发热、咳嗽。但这些被感染的细胞，虽然即将"壮烈牺牲"，
也并没有放弃与病毒的战斗。腺病毒的基因组 DNA 释放到
被感染的宿主细胞中时，会被细胞负责监视外来物的免疫识

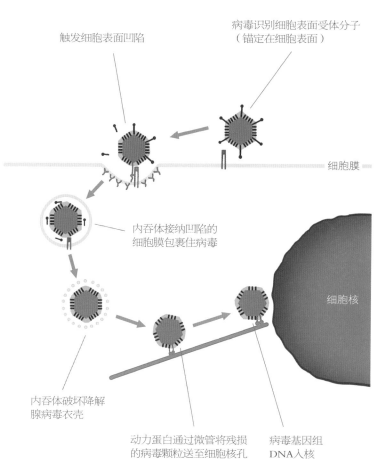

触发细胞表面凹陷

病毒识别细胞表面受体分子
（锚定在细胞表面）

细胞膜

内吞体接纳凹陷的
细胞膜包裹住病毒

细胞核

内吞体破坏降解
腺病毒衣壳

动力蛋白通过微管将残损
的病毒颗粒送至细胞核孔

病毒基因组
DNA入核

病毒侵入细胞的过程

别受体（即模式识别受体 Pattern Recognition Receptors，简称 PRR）识别。模式识别受体识别到病毒 DNA 后，就会触发干扰素合成分泌。即将"牺牲"的细胞用最后的力量，向周围的"同伴"发出了警报。

被感染的细胞破裂，它分泌的干扰素与临近细胞表面的干扰素受体结合，迅速启动了临近细胞的一系列防御性免疫反应。如在临近细胞内生成能够抑制病毒复制的干扰素诱生蛋白，严阵以待，准备抵御病毒的进攻。干扰素等细胞因子因病毒感染而大量产生，触发抗病毒免疫反应的同时，也将触发一系列炎症因子的产生，形成炎症反应。适当的炎症反应有利于控制和清除病毒，但过激的炎症反应将对机体造成严重的损害。

干扰素的作用是人体生来具有的天然免疫的一部分，还属于人体免疫系统的"第二道防线"。对于突破了第一、第二道免疫防线，在人体内肆虐的病毒，免疫系统还有强大的"第三道防线"。

扩散的病毒会被树突状细胞、巨噬细胞、B 淋巴细胞等免疫细胞捕获。这些细胞将病毒裂解，把病毒抗原递呈给淋巴系统中的 T 淋巴细胞，诱发针对该病毒的特异性 T、B 淋巴细胞反应。这时，针对肆虐的病毒，淋巴细胞会同时采取两种"战斗方法"：一是产生特异性的抗体，将扩散至组织液中的病毒和被感染的细胞"捆绑"起来，再由巨噬细胞吞噬；二是产生细胞毒性 T 细胞（CTL）等，把被感染的细胞连同细胞内的所有病毒一起消灭。这种"杀敌一千，自损八百"的战法虽然"惨烈"，却是终止病毒感染的主要机制。

第三道免疫防线也称为获得性免疫，即因病原体感染而获得的特异性抗感染免疫。

经过三道防线层层深入地斗争，入侵人体的腺病毒等病原体被消灭，一场感冒就这样"自愈"了。

获得性免疫能够"记住"入侵的病原体。这样一来，虽然病原体被清除后，特异性抗体和CTL等的产生会大大下降，但如果有相同的病原体再次侵入，免疫系统则可以快速启动针对该病原体的特异性免疫反应，以"迅雷不及掩耳之势"，迅速消灭入侵的"敌人"。这样，人体就不会再染上相应的疾病了。

疫苗接种可以模拟病毒的抗原刺激，是一种主动"训练"免疫系统的行为。当接种疫苗产生足够效能的免疫记忆之后，再次遇到真的病毒侵入时，免疫系统就具备了抵御病毒于机体之外的能力。病毒即使通过各种途径进入机体，也很快会被特异性的抗体和免疫细胞所识别、"逮捕"，并在病毒完成繁殖扩散之前将其消灭。

病毒的感染与复制，和宿主的抗病毒免疫反应，互相角力，最终的结局取决于二者的"实力对比"。侵入的病毒毒力、剂量、感染方式，以及宿主的免疫力状态，均可影响最终的结局。保持健康良好的免疫力状态，避免接触大量的病毒，有利于避免病毒感染造成严重后果。

免疫系统的三道防线，是人体在与病原体微生物漫长斗争中，协同进化获得的宝贵本领。其中获得性免疫的"免疫记忆"，可以帮助人体迅速消灭特定的病原体而避免染上相应的疾病。疫苗就是利用这个原理，成为了人类对抗病毒最主要的武器。

第2节　伟大的胜利

□ 被消灭的天花

天花是一种由感染天花病毒引起的致命疾病。天花病毒呈砖形，长、宽、高分别约为 300nm ～ 450nm、260nm 和 170nm，是病毒中的"大个子"。天花病毒属于痘病毒科，结构复杂，基因组为约含 190000 个碱基对的双链线性 DNA，能编码超过 200 个蛋白质。天花病毒通过呼吸道和接触传播，传播能力超强。病毒侵入人体后形成严重的病毒血症，造成全身感染。感染者会出现高热、乏力、全身酸痛、晕厥等症状。皮肤上出现密集的斑疹、疱疹和脓疱，康复后会留下永久性的瘢痕，故而得名天花。天花病情进展迅速，致死率可达到 30%。据估算，有史以来 10% 的人类可能都是死于天花。仅仅 20 世纪，天花就致 3 亿多人死亡，这个数字恐怕远超流感和新冠病毒。

天花是一种古老的疾病。公元前 1157 年，埃及法老拉美西斯五世因某种急病突然死亡。在他的木乃伊面部、颈部及手臂等部位，人们发现有类似天花脓疱疹的痕迹。尽管因年代久远，在木乃伊中并未检测到天花病毒 DNA，但拉美西斯五世很有可能是死于天花。古罗马时期，天花可能造成了数百万人的死亡；16 世纪，天花等病毒被西班牙殖民者带到了南美洲，对阿兹特克人造成了种族灭绝般的打击。

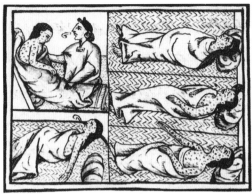

16世纪《佛罗伦萨手抄本》中的插图，显示了墨西哥中部纳瓦族罹患天花的情景。

珍妮特·帕克，1938年1月1日生于英国伯明翰，1978年9月11日死于天花感染。

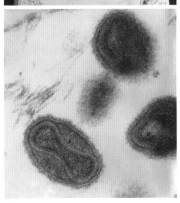

电子显微镜下的天花病毒

人类很早就发现，天花患者的脓液或疮痂，具有预防天花的作用。我国唐代时，可能就已经掌握了种痘预防天花的方法。明清时，已发展出"旱苗法""水苗法"等较为安全、成熟的制痘、种痘方法。1796年，英国医生爱德华·詹纳将挤奶姑娘萨拉·内尔姆斯手臂上感染14天的牛痘浆液挤出，小心地将它接种在8岁健康男孩詹姆斯·菲普斯的手臂上。男孩由此获得了对天花病毒的免疫力。此后，疫苗开始逐渐控制住了天花病毒的传播。1977年，在非洲索马里，一名病人因天花死亡，这是人类自然感染天花的最后一个病例。此后，除1978年，英国人珍妮特·帕克不幸死于实验室泄漏的天花病毒外，再没有天花病例出现。1980年5月8日，世界卫生大会宣布，人类已消灭天花。这是人类历史上第一次彻底消灭一种致死性传染病。

天花是一种高致死性的疾病，这类疾病流行的结果是，大多数敏感人群要么死亡，要么获得免疫，大流行自然消失。此后，即使该病毒再次出现在同一地区，也需要有新出生的、足够数量的新一代敏感人群才有可能形成疫病。与天花病毒类似的麻疹病毒，需要大约20～30万人口才能出现足够数量的敏感儿童而维持传播，相信天花也是如此。想要消灭一种传染性强的病原体，单一宿主是关键条件，而足够的人群免疫基础则是重要保障。

▢ 脊髓灰质炎

脊髓灰质炎由脊髓灰质炎病毒引起，又称小儿麻痹症，也是一种自远古以来就困扰着人类的疾病。一幅古埃及第十八王朝时期的石版画上，描绘了一个右腿肌肉萎缩的人，它可能是迄今为止，最早的小儿麻痹症的记录。富兰克林·罗斯福在 1921 年感染了脊髓灰质炎病毒，这使他的余生都在轮椅上度过。1933年，罗斯福当选为美国第 32 任总统。

　　1908 年，维也纳医生卡尔·兰斯廷纳解剖了一名死于小儿麻痹症的 9 岁男孩的遗体。兰斯廷纳将男孩的骨髓磨碎后用细菌滤器过滤，将滤过液注入猴子体内，导致了猴双腿瘫痪。将瘫痪的猴子脊髓取出，可以观察到跟病死男孩类似的病变。因此，兰斯廷纳推断小儿麻痹症是脊髓里的一种病毒引起的。

　　1911 年前后，瑞典发生了一次脊髓灰质炎疫情暴发，造成 4000 多人瘫痪。瑞典科学家卡尔·克林发现，病死儿童的组织样本中，除了脊髓，咽喉、气管、肠道等处的提取物，也能导致猴子瘫痪。克林推断，脊髓灰质炎病毒可能是通过唾液或粪便传播的。这对于正确切断传播途径、预防脊髓灰质炎感染起到了重要作用。

　　1916 年，美国纽约发生脊髓灰质炎疫情。从 6 月到 9 月，共有 9000 多人瘫痪，1500 多人死亡。当年全美的脊髓灰质炎病例超过 27000 例，其中超过 6000 例死亡。

1947 年，美国病毒学家乔纳斯·索尔克开始担任匹兹堡大学病毒研究实验室的负责人。他开始研究脊髓灰质炎病毒，希望能研制出针对这种疾病的疫苗。索尔克用甲醛灭活病毒，但使其保持完整，以保证引起人的免疫反应。1952 年，他给自己、妻子和三个儿子接种了这种用灭活病毒制成的脊髓灰质炎疫苗。他们都产生了针对脊灰病毒的抗体，但没有人生病。次年，索尔克在美国医学会杂志上发表了这一结果，并在全美范围内开始接种试验，大获成功。1956 年，索尔克获得了号称"诺贝尔奖风向标"的拉斯克医学奖。1957 年，美国科学家阿尔伯特·沙宾又发明了口服脊髓灰质炎疫苗，这是一种减毒性活病毒疫苗，目前已成为多数国家采取的脊髓灰质炎口服疫苗。1965 年，沙宾也获得了拉斯克医学奖。这些疫苗的使用阻断了脊髓灰质炎疾病的流行。

脊髓灰质炎病毒是一种无包膜的球形病毒，基因组为一条约含 7500 个核苷酸的单链 RNA。脊髓灰质炎病毒主要通过粪口途径传播，侵入人体后，主要破坏脊髓灰质前角的运动神经元。脊髓灰质炎病毒分 I、II、III 三型，世界卫生组织在 2015 年和 2019 年分别宣布 II 型脊髓灰质炎病毒野病毒和 III 型脊髓灰质炎病毒野病毒被消灭。目前，只有在世界少数地区还有 I 型脊髓灰质炎病毒传播。

天花病毒和脊髓灰质炎病毒宿主单一，都只能感染人类。所以，一旦研发出有效的疫苗，就有了战胜这种病毒的可能。

疫苗的发明，是人类在与病毒漫长博弈历史中迈出的重大一步。然而，作为地球生态圈中最为古老的一员，病毒还远远不会就此向人类这个"后辈"投降。

第3节　艰难的博弈

□ 乙型肝炎——胶着的战场

　　肝脏是人体最重要的器官之一。细菌、病毒、寄生虫、酒精、药物等，都会引发肝炎。由病毒引发的肝炎，按照病原体的不同，分为甲型肝炎、乙型肝炎和丙型肝炎等。

　　乙型肝炎是由乙型肝炎病毒（HBV）感染引起的。乙型肝炎病毒为球形，直径约 40 nm，在病毒中属于中等偏小的"体形"。乙型肝炎病毒外部有一层脂质的包膜，包膜上有表面蛋白（即表面抗原 HBsAg）；基因组为双链不完全环形 DNA，由核心蛋白（即核心抗原 HBcAg）组成的衣壳所包裹。

　　乙型肝炎病毒可能是纠缠人类时间最长的病毒之一。

　　乙型肝炎病毒只在人与人之间代代相传。2021 年 10 月，德国马克斯－普朗克人类历史科学研究所的研究人员在《科学》（*Science*）杂志发表了一篇名为《乙肝病毒万年演化史》（Ten millennia of hepatitis B virus evolution）的论文，引起学术界的极大关注。他们在约 10500 年前的 137 名欧亚居民和美洲原住民的骨骼遗骸中发现了乙型肝炎病毒的遗传物质。这表明，在全新世（最年轻的地质时代，从约 12000 年前开始）早期、农耕时代（约 8000—10000 年前）之前，乙型肝炎病毒就已经开始在人体中寄生。随后，伴随着古人类迁徙扩散的脚步，乙型肝炎病毒也进行着遗传多样性的演化。

　　乙型肝炎病毒寄生在人类体内虽然已有万年之久，但人类认识它的历史却很短暂。黄热病是一种由伊蚊传播的高感染性、高致死率的传染性疾病。黄热病病毒也是最早发现的人类病毒。1937 年，黄热病的减毒疫苗研制成功，二战期间，黄热病疫苗广泛应用，挽救了不少士兵的生命。但是，一位英国随军医生麦凯阿伦发现，许多接种了黄热病疫苗的士兵在几个月后出现肝炎症状。黄热病疫苗中含有人血清。于是，麦凯阿伦开始考虑是否在人的血液中带有引起肝炎的病原体。针对这一猜想，麦凯阿伦进行了一系列调查和研究。结果不仅证实了他的猜想，还明确：肝炎可以通过消化道和血液两种途径传播。麦凯阿伦把被污染的食物和水经消化道传播引起的肝炎称为传染性黄疸（即甲型肝炎），由被污染的血液经输血传播引起的肝炎称为血清性黄疸（即乙型肝炎）。麦凯阿伦的发现迈出了认识乙肝病毒重要的第一步。

　　在接下来的二十多年中，人们试图找到引起这两种肝炎的病原体，但却一直未能成功。1965 年，美国遗传学家巴鲁克·布隆伯格偶然发现，一位澳大利亚土著人的血清存在一种未知物质。布隆伯格将其称为"澳大利亚抗原"（简称"澳抗"）。在进行深入研究后，布隆伯格等人在 1966 年底发表论文，提出澳大利亚抗原与急性病毒性肝炎之间有密切关系，并能通过输血传播。由于这个发现，他与丹尼尔·盖杜谢克一起获得了 1976 年的诺贝尔生理学或医学奖。这个"澳大利亚抗原"，就是今天所说的乙型肝炎病毒表面抗原（HBsAg）。乙型肝炎病毒表面抗原的发现，是人类对抗乙肝病毒历史中至关重要的一步。在这一发现的基础上，1981年，从血液中提纯乙肝病毒表面抗原制备的乙肝疫苗投入使用。这是人类历史上第一种商业化的乙肝疫苗，也是人类对抗乙肝的一次革命性突破。

尽管疫苗被研制出来了，但因为要从患者血液中提纯抗原，疫苗的产量和安全性都存在问题。随着对乙肝病毒分子生物学的研究深入，乙肝表面抗原蛋白基因被发现了。在此基础上，1986年，美国默克公司成功地用酵母菌DNA重组做出人类乙肝病毒表面抗原蛋白，实现了安全的、大批量的乙肝疫苗生产。1994年，默克公司将乙肝疫苗技术以700万美元的价格转让给中国。1997年，利用酵母菌生产的转基因乙肝疫苗被中国政府正式批准生产。

疫苗的出现，大大遏制了乙肝病毒的传播。但是，乙肝病毒却并未就此"投降"。

感染病毒后，多数乙肝患者可以在急性期内清除病毒而康复，但一些感染者却会发展为慢性感染。持续性的病毒复制扰乱肝细胞代谢，会引起肝硬化、肝癌等更加严重的后果。并且，看似健康的慢性乙肝患者还可以在严重并发症出现前默默地感染很多人。

乙型肝炎病毒的遗传物质为一个双链的环状DNA，但该DNA的两条链长度不相等，导致DNA上存在一部分单链区，被称为rcDNA。当病毒进入细胞后，rcDNA会先在肝细胞核里修补单链部分，形成有完整双链环状结构的cccDNA。cccDNA有高度的稳定性，"潜伏"在细胞核内可以维持数月至数年，这是抗病毒治疗结束后病毒反弹的根本原因。此外，

"狡猾"的病毒还具有多种逃逸免疫控制和清除的策略，可抑制机体的天然免疫和获得性免疫。如作为机体天然免疫重要部分的干扰素，本可以诱导数百种抑制和破坏病毒感染复制的抗病毒蛋白质的产生，但乙型肝炎病毒的诸多成分，如其表面抗原和核心抗原等，均可破坏和抑制干扰素的合成，使得病毒逃避免疫系统的攻击而持续复制。

乙型肝炎病毒曾席卷全球，感染者高达数亿，至今仍是重大的全球公共卫生问题。我国曾经是"乙肝大国"，最高峰时约有 10% 的国人感染乙型肝炎病毒。经过持续广泛的乙肝疫苗接种，我国乙型肝炎病毒感染人数大幅下降，但仍有7000 多万，每年还新增约百万感染者。慢性乙型肝炎与原发性肝癌关系密切。流行病学调查发现，我国 90% 以上的原发性肝癌病人感染过乙肝病毒，而乙肝表面抗原呈阳性的慢性乙肝患者发生原发性肝癌的风险是健康人的 200 倍以上。

乙型肝炎已经被逐步控制，但病毒的危害并未结束。

☐ 丙型肝炎——抗病毒药的曙光

在麦凯阿伦发现了经消化道传播的甲型肝炎和经血液传播的乙型肝炎之后，上世纪 70 年代，科学家已经鉴定出了甲型肝炎病毒和乙型肝炎病毒，这对控制肝炎传播起到了重要作用。但是，美国病毒学家哈维·阿尔特在研究接受输血患者的肝炎发病率时发现，即使是经过了严格的乙肝筛查，仍旧有患者感染肝炎。1975 年，阿尔特将这种新型肝炎命名为"非甲非乙型肝炎"。阿尔特发现，这种肝炎患者的血液能够感染黑猩猩。通过借助黑猩猩进行试验，阿尔特证明导致这种肝炎的是一种新型病毒。

确定病原体是认识一种感染性疾病的关键，科学家们开始寻找这种病毒，但这一找，就是十几年。

1987年，英国生物化学家迈克尔·霍顿等人从染病黑猩猩的血液中通过分子克隆手段发现了一种新型病毒。1989年，霍顿小组正式鉴定出这种新型病毒，命名为丙肝病毒（HCV）。1997年，美国病毒学家查尔斯·M. 赖斯的团队在黑猩猩体内实现了丙肝病毒的大规模制备，终于打开了认识这种新型病毒的大门。

2020年，阿尔特、霍顿和赖斯三人因为在发现和鉴定丙型肝炎病毒的研究中做出的贡献，获得了诺贝尔生理学或医学奖。

丙肝病毒被发现了，下一个任务是寻找预防和治疗丙肝的方法。然而遗憾的是，作为一种 RNA 病毒，丙肝病毒具有高度的变异性，再加上多种弱化和逃逸免疫的机制，为疫苗的开发带来了巨大的困难。从鉴定出丙肝病毒至今，三十多年过去，丙肝疫苗仍未开发成功。

疫苗开发的失败，促使科学家们寻找应对病毒的其他途径。

病毒致病的根本原因在于不断地复制。对于丙型肝炎病毒而言，复制中最为重要的一步，是在宿主细胞内制造出病毒的遗传物质——RNA。RNA 的合成是由三磷酸腺苷等四种核苷酸，在 RNA 聚合酶的帮助下完成的。如果能找到一种核苷酸类似物，在病毒制造下一代 RNA 时"蒙骗"过 RNA 聚合酶，"以假乱真"地替代原本的核苷酸，就可以阻断病毒的复制，疾病就自然得以治疗了。

2013 年，基于这一原理开发的新药索非布韦在美国正式问世。12 周，每天一片索非布韦及其他联合药，通过口服就能使丙型肝炎这种无疫苗可用的疾病痊愈。索非布韦这种直接阻断病毒复制的药物，无疑是人类对战病毒历史上的一次重大胜利。

目前，我国有一千多万丙肝患者，全球患者人数超过一亿。世界卫生组织在 2016 年宣布，要在 15 年内（到 2030 年）根本性地消除病毒性肝病，索非布韦必将发挥重要作用。目前看来，实现这一目标的困难之一是索非布韦药物高昂的价格。

□ 艾滋病——艰难之路

1953 年沃森（James Dewey Watson）和克里克（Francis Harry Compton Crick）发现了 DNA 双螺旋的结构，开启了分子生物学时代。当时，人们普遍认为只有 DNA 是遗传物质。但是，科学家在研究有些病毒时发现，它们只含有 RNA，没有 DNA。那么，这些 RNA 病毒是如何复制的呢？

1962 年，美国病毒学家大卫·巴尔的摩在研究门戈病毒（一种 RNA 病毒，脊髓灰质炎病毒的近亲）时发现，这种病毒会阻止宿主细胞的核内 RNA 合成，而在细胞质中建立自己的 RNA 合成场所。随后，巴尔的摩从被门戈病毒感染细胞的细胞质中首次鉴定到一种特殊的酶——RNA 聚合酶，揭示了病毒 RNA 在宿主细胞中的复制机制。

1970 年，巴尔的摩又在一类更加特别的 RNA 肿瘤病毒

（小鼠白血病病毒、劳氏肉瘤病毒等）中发现了一种特殊的DNA聚合酶——逆转录酶。这种酶能在细胞中以病毒RNA为模版，合成相应的DNA。这表明这些病毒可能将它们的遗传信息整合到宿主的基因中以"接管"细胞。这可以解释这些病毒为什么能导致癌症。这一发现刷新了当时人们对遗传信息传递的认知，完善了中心法则，是分子生物学、遗传学、病毒学等多个领域内的重大发现。巴尔的摩也因此获得了1975年的诺贝尔生理学或医学奖。

上世纪80年代初，在巴尔的摩获得诺贝尔奖仅仅几年之后，美国发现了好几个奇怪的病例，均为青年同性恋者，患者出现常人少见的卡波西氏肉瘤（一种疱疹病毒相关肿瘤）和卡氏肺囊虫肺炎，并且都有严重的免疫缺陷，容易发生各种机会性感染，如健康人少见的真菌感染、巨细胞病毒感染等。美国疾控中心将这种疾病命名为获得性免疫缺陷综合征（Acquired Immune Deficiency Syndrome，AIDS艾滋病）。1983年，法国病毒学家吕克·蒙塔尼埃和弗朗索瓦丝·巴尔·西诺西从一位艾滋病病人的血液及淋巴结样品中分离出一种新的逆转录病毒。1986年，这种病毒被正式命名为人类免疫缺陷病毒（Human Immunodeficiency Virus，HIV），俗称艾滋病病毒。艾滋病病毒是一种逆转录病毒，逆转录病毒的最大特点是其复制过程中有逆转录过程而变异频繁；还会将病毒基因组整合至宿主细胞染色体中，成为宿主基因组的一部分。这些特征都使得逆转录病毒特别难以清除。T淋巴细胞是人体免疫系统的重要部分，对于保持免疫记忆有着重要作用。艾滋病病毒进入人体后以免疫系统为攻击目标，往往更容易

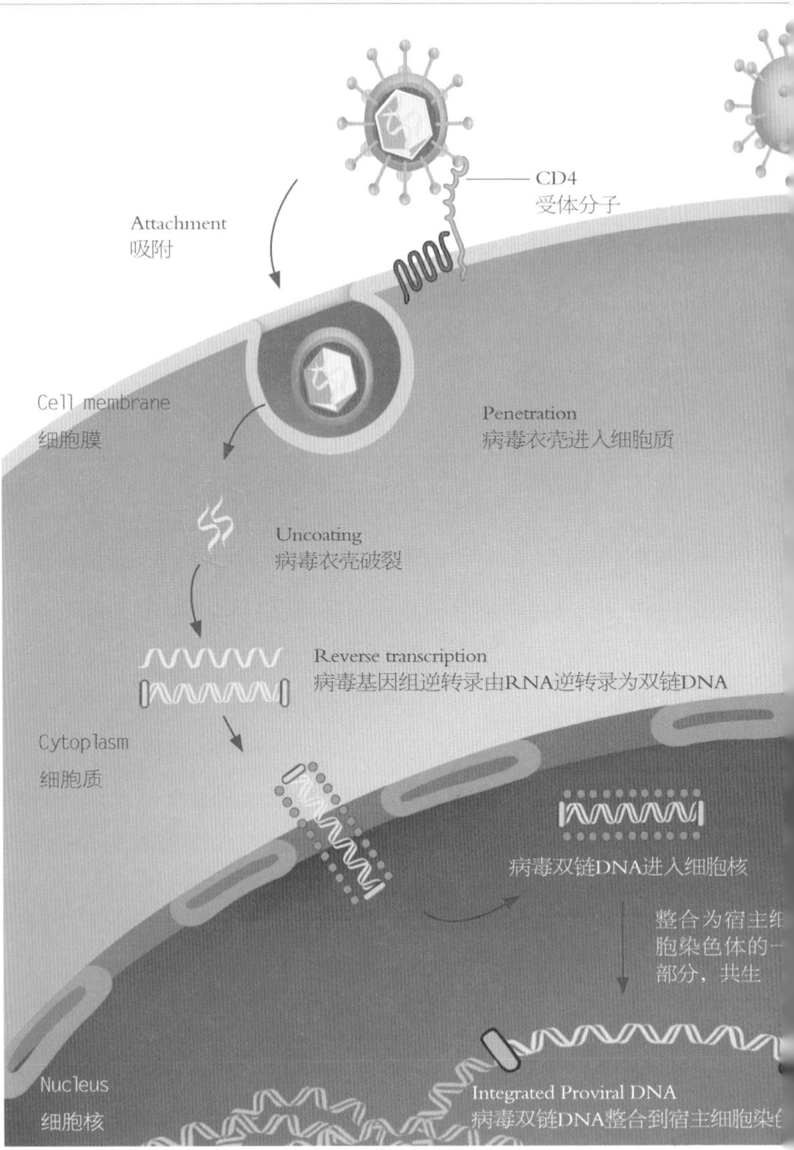

Attachment
吸附

CD4
受体分子

Cell membrane
细胞膜

Penetration
病毒衣壳进入细胞质

Uncoating
病毒衣壳破裂

Reverse transcription
病毒基因组逆转录由RNA逆转录为双链DNA

Cytoplasm
细胞质

病毒双链DNA进入细胞核

整合为宿主细
胞染色体的一
部分，共生

Nucleus
细胞核

Integrated Proviral DNA
病毒双链DNA整合到宿主细胞染色

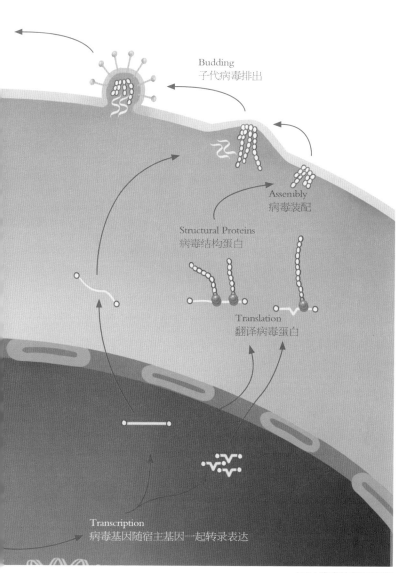

Budding
子代病毒排出

Assembly
病毒装配

Structural Proteins
病毒结构蛋白

Translation
翻译病毒蛋白

Transcription
病毒基因随宿主基因一起转录表达

HIV 病毒的复制周期

感染激活的 T 淋巴细胞。这使免疫系统在激活后反而更容易被病毒感染。多年来的临床试验发现，接种了候选艾滋疫苗的人群，其感染率竟高于安慰剂组。这也是全球投入数百亿美元进行艾滋疫苗研发，至今无一成功的重要原因。

短短 40 年间艾滋病便已夺走全球数千万人的生命。目前，全球仍有艾滋病病毒感染者 3800 多万。2020 年我国新增艾滋病病毒感染病例 6 万多人，死亡约 1.8 万人。艾滋病病毒是病毒学界公认的最狡猾的、最麻烦的病毒。目前，华人科学家何大一博士发明的鸡尾酒疗法（多种抗逆转录病毒药物联合使用）已能够控制病毒，但却无法清除体内的 HIV。一旦停药，病毒又会迅速反弹。即使是在药物的控制下，感染者依然面临比正常人更高的心血管疾病、神经系统退行性病变的风险，且随时可能将病毒传给密切接触者。

艾滋病病毒是通过血液和性接触等途径传播的，相比天花、流感等通过呼吸道或接触传播病毒，其传播途径相对可控。联合国艾滋病规划署曾提出 2030 年结束艾滋病流行，要实现这一目标，切断传播途径是目前的主要手段。

□ 从狂犬病到埃博拉——突破物种界限

2019 年 5 月，国际权威传染病期刊《新发传染病》（*Emerging Infectious Diseases*）发表了一个少见的病例：2013 年 8 月 19 日，一名来自江苏的 41 岁男子，在他的儿子被流浪狗咬伤左腿后，一边给儿子冲洗伤口，一边像影视剧里的场面一样，从伤口上吸出"毒血"。随后，他将儿子送到当地医院，接受了规范的免疫球蛋白和狂犬病疫苗的注射。

医生建议该男子接受同样的预防措施,但该男子因费用较高,并认为自己并未被咬,拒绝了。

9月23日,该男子因连续两天出现全身不适、烦躁、饮食困难等症状就诊。此时该患者已出现明显的激动、谵妄和幻觉。医院迅速对患者展开治疗,但为时已晚,患者于9月24日死亡。该男子的儿子完成了全程免疫,身体健康。尽管这种通过口腔黏膜感染狂犬病的例子十分少见,但值得警惕。

狂犬病是人被狗、猫等家畜或狼、狐狸、浣熊、蝙蝠等野生动物咬伤、抓伤后,感染狂犬病毒造成的。患者被咬伤、抓伤后会有3~8周的潜伏期,随后出现厌食、疲劳、头痛、发热及焦虑、抑郁等前期症状。2~4天后,一些患者开始出现机能亢进、痉挛、恐水、怕风、狂躁而不能自制;另一些患者则出现肢体软弱、共济失调、肌肉瘫痪、大小便失禁等机体麻痹的症状。最终在3~6天的时间内死于呼吸或循环衰竭。狂犬病人发病后出现恐水、幻觉、狂躁现象,甚至表现出不可控制的攻击性,一旦开始发病,死亡率接近100%,是一种令人闻风色变的致死性疾病。

人类认识狂犬病的历史非常久远。1945年和1947年,人们在伊拉克首都巴格达附近先后发现了两块泥板,泥板上有用楔形文字书写的法律条文。经考古学家研究,这些泥板书写于公元前2300年左右的古巴比伦埃什努那王国。在这些法律中有这样一条:"如果一条狗发疯,邻人告知狗的主人,但狗的主人没有看住他的狗,狗咬人导致死亡的,狗主人应赔偿40舍克勒的银币。"这是迄今为止最早的关于狂犬病的记录。公元 1 世纪，罗马名医赛尔萨斯就认识到人狂犬病是由疯狗唾液引起的，并在实践中对被疯狗咬伤的伤口用拔火罐、烧灼和吮吸等方法来进行处理。

尽管人类很早就认识了狂犬病，但对这种恐怖的疾病却一直束手无策——直到 1885 年，一件在人类对抗疾病的历史上意义重大的事改变了这一点。

法国科学家路易斯·巴斯德证明了微生物不能从环境中"自然发生"、发现了传染性疾病由病菌引起、发明了巴氏消毒法、研制出了有效预防鸡霍乱、炭疽等疾病的疫苗，是当之无愧的近代微生物学的奠基人。巴斯德从 1880 年就开始研制狂犬病的疫苗。1885 年，为了挽救生命，巴斯德为被疯狗咬伤的 9 岁男孩约瑟芬·梅斯特注射了他研制的狂犬病疫苗，这是狂犬病疫苗在人类历史上的第一次应用。疫苗成功地挽救了男孩的生命。从这一天起，人类拥有了对抗狂犬病的有力武器。1903 年，英国宣布消灭狂犬病，其后 100 多年，英国本土再未有狂犬病例出现；1953 年、1957 年，新加坡和日本也相继宣布消灭了狂犬病；到 1988 年，世界上总共约有 60 个国家基本消灭了狂犬病。

然而，这并不代表狂犬病毒已经被人类征服。现在，在一些国家和地区，狂犬病例仍不时出现。并且，仍和数千年前一样：患者一旦发病，几乎 100% 死亡。这又是为什么呢？

20 世纪初，德国科学家保罗·埃尔利希在研究生物体内不同组织、细胞与染料的亲和力时发现，在注射染料后，一些动物全身的器官、组织都被染上了颜色，唯独大脑是个例外。埃尔利希起初把原因简单地归于脑组织与染料的亲和力不够。

后来，他的一位学生做了另外一项实验：将染料注射进动物大脑的脑脊液中。这一次，截然相反的结果出现了：脑组织被完美地染上了色，但身体其他部位的组织却没有被染色。基于这些发现，当时的科学家们推断，在中枢神经系统和身体的其他部位之间，存在某种神秘的屏障，阻止了物质的自由流通。起初，人们以为屏障效应是血管造成的。而如今我们知道，血脑屏障主要是由神经胶质细胞依附于脑毛细血管壁形成的紧密连接实现的。

血脑屏障的存在，使得除了必须的氧气、二氧化碳、葡萄糖、信号分子等小分子物质，其他绝大多数生物大分子无法从血液循环中进入大脑，这是哺乳动物对于重要而"脆弱"的中枢神经系统的一种特别保护。各种病原体通常无法通过血脑屏障进入中枢神经系统，与之相应，免疫系统产生的抗体和吞噬细胞也同样无法进入。然而，这种原本精妙的"设计"潜藏着一种可怕的风险：一旦有病原体突破血脑屏障进入中枢神经系统，所面对的，很可能就是完全不设防的"猎物"。

而狂犬病毒，正是这样一种能够绕过血脑屏障，攻击人体中枢神经系统的"敌人"。

狂犬病毒是一种嗜神经病毒。人一旦被携带病毒的动物咬伤，病毒会先在咬伤部位周围的横纹肌细胞内缓慢增殖（约4~6天，这个阶段是宝贵的阻断和预防时间），增殖后的病毒侵入周围神经，沿神经上行到达背根神经节后，病毒开始大量增殖侵入脊髓，被感染者开始出现临床症状。随后，病毒相继侵入脑干、小脑、大脑部位的神经元，病人出现痉挛、麻痹，甚至昏迷的症状。一旦进入这个阶段，病人就几乎无药可救了。

人体暴露于狂犬病毒之后，注射抗病毒血清和疫苗的一系列措施，就是与病毒展开的一场争分夺秒的"生死竞赛"。赶在病毒大量增殖之前，借助血清和疫苗，人类将取得胜利；病毒一旦进入中枢神经系统，"战况"则完全逆转，患者基本上再无存活的可能。

消灭狂犬病毒，还有一个难以解决的困难：不同于天花病毒、脊髓灰质炎病毒、乙肝病毒等，狂犬病毒其实是一种动物病毒。它在进攻人类之外，更加广泛地存在于自然界的狼、狐、野鼠、松鼠、浣熊、臭鼬、蝙蝠等野生动物体内。在一些发达国家，之所以能够做到基本消灭狂犬病的传播，对狗、猫等宠物和家畜的预防免疫起到了重要的作用。然而对于潜伏在各种野生动物体内的病毒，是难以找到有效的清除方法的。

马尔堡镇位于德国法兰克福北部，拥有很多文艺复兴时期的建筑，是一座宁静、恬适的小镇。每年8月，马尔堡阳光明媚。年轻人在广场喷泉边闲聊，游客们仰起脖子欣赏13世纪的圣伊丽莎白教堂高耸的尖顶，这是德国第一座哥特式教堂。阳光、咖啡、喷泉、教堂，一切都显得无比宁静与美好。

1967年8月8日，马尔堡著名企业贝林公司的实验室却突然出现了3个恐怖的感染病例：病人发高烧，剧烈地上吐下泻，吐出大口大口的鲜血，皮肤和皮下大量出血，喉咙痛得吞不下东西，有人最后休克了。这个消息不胫而走，小镇的宁静迅速被打破了。人们在惊慌之中，更是听说法兰克福和贝尔格莱德也出现了这种进展极快的怪病，至少有37人感染，近四分之一的患者死亡。而且，感染者大都是研究机构的工作人员或者家属。难道是实验室泄漏了致命病毒？

流行病学专家很快就锁定了元凶，病毒来自贝林实验室从非洲乌干达进口的一批实验用的猴子。三个月后，德国的病毒学家分离到了一种新型的丝状病毒，他们将这种病毒命名为马尔堡病毒。

神秘的马尔堡病毒来无影去无踪，此次感染事件之后，又从人类的视野中消失了。

1976年，刚果民主共和国埃博拉河流域的一个小村庄里出现了一种特别可怕的疾病。患者主要表现为发热、休克，然后七窍出血而死。短短几个月时间，患病者达到300多人，死亡率接近90%。在疾病暴发后不到6个月，科学家在电子显微镜下发现了一种和马尔堡病毒非常相似的病毒。这种病毒和马尔堡病毒都属于丝状病毒科，由于疾病暴发于埃博拉河流域，这种病毒被命名为埃博拉病毒。2013—2016年间，非洲西部地区再度暴发埃博拉疫情，确诊人数28000余人，死亡11000余人。疫情暴发的核心地区致死率高达60%～90%。

埃博拉病毒在人与人之间主要以密切接触的途径传播。急性期患者血液中的病毒载量极高，患者的呕吐物、排泄物、结膜分泌物等都具有高度传染性。即使患者死亡，病毒也可在器官外的液体中存活数日。在安葬仪式上与死者尸体直接接触，也可能感染埃博拉病毒。精液中的埃博拉病毒可能存活两个月以上。这一切使得与患者密切接触的家属、医护人员等极易感染，使得疫情快速蔓延。

这种凶险的病毒来自何处，至今仍不清楚。但是，有证据表明，埃博拉病毒在自然界中很可能是以狐蝠科果蝠属的果蝠为自然宿主。果蝠携带埃博拉病毒，但并不出现症状。病毒会从果蝠体内转移到其他的野生动物中，当感染猴子、黑猩猩、大猩猩和人类等灵长类动物时，就会引起恐怖的致死性疾病。

值得欣慰的是，2020年，获得美国食品药品监督管理局和欧洲药品管理局批准的埃博拉疫苗已在刚果民主共和国东北部的疫情中使用，超过30万名曾与埃博拉患者有过近距离接触的人接种了该疫苗。超过80%的疫苗接种者最终没有感染埃博拉病毒。

像狂犬病毒、马尔堡病毒、埃博拉病毒以及乙型脑炎病毒、SARS等冠状病毒一样，还有很多广泛存在于自然界中的病毒，可能在各种不同的情况下侵入人体，造成难以预料的危害。复杂而隐秘的存在和传播方式使人类对它们的认识还十分有限。这也表明，像消灭天花病毒一样消灭其他病毒，可能是一种难以实现的梦想。

第4节 与敌共存

□ 永不消失的流感

20世纪初，美国堪萨斯州的哈斯克尔郡还是一望无垠的荒芜平地，这里人烟稀少，聚居地里农民的房子与猪圈、鸡鸭圈比邻，随处可见随意游荡的猪、牛、野狗和家禽。夏天的高温烘烤地面，热浪扭曲了空气；到了冬天，肆虐的寒风横扫大地，温度可以降到零下40多摄氏度，仿佛是冰冻的西伯利亚一般。

洛林·麦纳医生却非常喜欢这样的环境，广阔的天地和极端的气候造就了荒凉而壮丽的风景。麦纳医生或骑马，或乘坐马车、火车出诊，几乎走遍了哈斯克尔郡。麦纳医生声名在外，备受尊敬，有时候连火车都会等他。他是当地共济会的前辈，曾任郡民主党主席，他的妻子也出身名门，是郡红十字会的主席。

1918年1月底，哈斯克尔正是寒冬。麦纳医生发现了一位剧烈头痛、高烧、干咳不止的"感冒"病人，病情非常严重。随后不久，更多相似症状的病人陆续出现在哈斯克尔及周边地区。麦纳医生以前也诊治过不少感冒病人，但都没有这一次的严重。一些强壮的年轻人，平时身体健康、精力充沛，这一次也迅速被病魔击倒，许多人失去了生命。麦纳医生尝试了注射白喉抗毒素，甚至破伤风抗毒素等很多办法，但都未能奏效。他与美国公共卫生部联系，官方也没有好的建议。好在到了3月份，疾病似乎消失了，人们恢复了正常的工作和生活。大家开始谈论当时激战正酣的一战，疫情很快被忘记。但麦纳认为，这次"重流感"不同寻常，他在美国公共卫生部的《公共卫生报告》周刊（*Public Health Reports*）上发表了一篇文章，警告大家注意，可能有一种感染人的新型疾病产生了。

如果只限于人烟稀少的哈斯克尔地区，这种疫病很可能就此结束，但这是在战争期间。这时，一位年轻的士兵从家

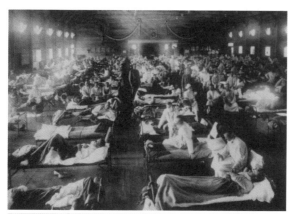

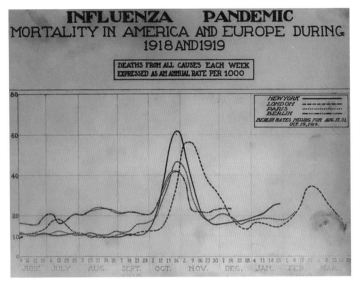

INFLUENZA PANDEMIC
MORTALITY IN AMERICA AND EUROPE DURING
1918 AND 1919

DEATHS FROM ALL CAUSES EACH WEEK
EXPRESSED AS AN ANNUAL RATE PER 1000

NEW YORK
LONDON
PARIS
BERLIN
BERLIN RATES MISSING FOR AUG. 17, 31,
OCT. 19, 1918.

JUNE JULY AUG. SEPT. OCT. NOV. DEC. JAN. FEB. MAR.

1　1918 年，堪萨斯州福斯顿军营里的流感患者。

2　1918 年，美国职业棒球联盟要求运动员在比赛中佩戴口罩。

3　1918 年 "西班牙流感" 大流行期间，美国西雅图要求乘坐公
　　共交通的乘客必须佩戴口罩。

4　1918—1919 年的流感疫情共有三次高峰，1918 年夏季的第
　　一次高峰死亡率相对较低，秋季开始的第二次高峰由已经变
　　异的病毒引起，致死率极高。

乡堪萨斯州的基恩郡返回福斯顿军营。福斯顿军营是当时美国的第二大军营，驻有5万多名士兵，1917年才匆匆建立。1917—1918年之交的冬季，是历史上最寒冷的冬季之一。刚刚建立的营地里帐篷非常拥挤，甚至不能给士兵提供足够的御寒冬衣。许多人在床上挤作一团，相互取暖，这在年轻人看来既保暖又好玩。

3月4日，一位炊事兵出现了严重"感冒"的症状。不到三周，军营里就有1000多人病重，不得不送往医院治疗，军营周边也有几千人患病。与此同时，福斯顿军营依然源源不断地向其他训练营和欧洲战场输送兵员。4月，疫病开始在欧洲协约国的军营里迅速扩散，法国的平民中也开始出现大量的感染者。5月，疫病在西班牙国内大暴发，包括国王阿方索十三世在内的800多万人患病。6月，德国军营中的疫病暴发了，近50万士兵躺进了医院。7月，疫情似乎将要结束，感染者大幅减少。然而，8月，新一轮的疫情席卷而来。这一波疫情的致死率和死亡速度，都远远超出第一波疫情……

直到1920年的春季，这场可怕的疫病方才彻底结束。据当时的统计，全球约5亿人被感染，2500万人死于疾病。后来则有统计认为，死亡人数接近1亿。要知道，第一次世界大战的总死亡人数，约为1000万。

当时，人们并不知道引起这场疫病的病原体是什么，出于对传染的恐惧，绝大多数患者的遗体也都被焚毁了。这使得对于这场可怕疾病病原体的研究陷入了困境。1933年，英国科学家威尔逊·史密斯等人第一次分离出了人类流行性感冒的病原体——流感病毒。1997年，美国科学家杰弗里·陶贝格尔在《科学》杂志上发表了他与同事利用遗传学技术得出的研究成果，认为1918年疫病的病原体与H1N1亚型的流感病毒十分相似。1998年2月，美国国防病理中心（AFIP）在阿拉斯加的布雷维格附近的冻土层中，发现了一具冰封近80年的爱斯基摩女子尸体。1918年的疫情曾席卷布雷维格，85%的人因之丧命。研究人员从这具尸体上获得了1918年疫情病原体的基因。此后，人们最终确定，1918年的可怕疫病，正是一场流行性感冒。

其后，人们发现了更多的流行性感冒疫情。1957—1958年，"亚洲流感"大流行，疫情开始于新加坡，最终导致全球近110万人死亡；1967—1968年，"香港流感大流行"造成全球近100万人死亡；2009年，"猪流感"从美国开始流行，当年就造成全球几十万人死亡。直到2019年，美国流感疫情仍造成数千万人感染，数万人死亡。

流行性感冒与由鼻病毒、腺病毒等引起的普通感冒截然不同，它是由流行性感冒病毒引起的一种急性传染病。对人类的危害远远大于普通感冒。

流行性感冒病毒，简称流感病毒，是正黏病毒科的唯一代表。流感病毒又分甲、乙、丙三型，能引起人和动物的感染。其中甲型流感病毒又因表面的血凝素蛋白（HA）和神经氨酸酶（NA）两个重要抗原的不同形态，分为H1N1、H3N2、H5N1、H7N9等不同的亚型。甲型流感病毒是反复流行最为频繁、引起流感全球流行的主要病原体。

流感病毒呈球形或者丝状，基因组为RNA。与其他病毒不同的是，流感病毒的RNA由7～8个片段组成，而非完整的线形或者环形。分段的 RNA 基因组导致流感病毒更易重组、变异。如甲型流感病毒不仅有各种亚型，还会不断变异出不同的株型。每年出现的流感病毒，都可能属于不同的株型。不断变异的流感病毒使得如果要依靠疫苗来预防流感，则需要每年都注射不同的疫苗。

流感病毒通过呼吸道感染，而呼吸道传播的病毒最难防范。不仅如此，甲型流感病毒的许多亚型，都是人和动物共患的病毒。这些病毒经常在人与动物之间传播，行踪飘忽，防不胜防。甲流病毒的 H1N1 亚型是人和猪的共患病毒，2009 年大流行，持续时间长达一年，全球几千万人被传染，数十万人死亡；H5、H7、H9 亚型既感染鸟类，也易感染人类，又称"禽流感"。全世界每年有 500 亿只候鸟长途迁徙，可能携带病毒在繁殖地、越冬地之间来回往返，导致禽流感在全球广泛传播，难以控制。所幸 H5N1、H7N9 等病毒亚型主要感染鸟类，尚未完全适应人体，迄今为止，还没有发现大规模的人传人现象。

流感病毒极易变异而又行踪飘忽，人类想要消灭流感病毒，几乎是不可能的事情。

□ 高明的潜伏者——疱疹病毒

流感病毒时而相对温和，患者可以自愈；时而又凶狠暴戾，取人性命。对于这样的病毒，人类难免希望将其消灭。但还有一些病毒采取了不同的策略：它们更愿意尽量"低调"地潜藏，即使引起宿主的机体症状，也避免造成生命危险。对于病毒，这也许是更加"高明"的生存策略。

世界上超过 90% 的成年人感染过并携带着单纯疱疹病毒。这种病毒通常在人的幼年时期就侵入人体，造成不太严重的口唇部感染。症状通常会自然消失，但病毒并不会被机体彻底清除，而是潜伏于人体的神经节等部位。当人因疲劳或其他疾病等原因免疫力下降时，单纯疱疹病毒会重新激活。秋冬季或者身体过度疲劳后，"上火"而长出的口唇部疱疹，很多就是这种情况。

单纯疱疹病毒呈球形，基因组为线性双链 DNA。单纯疱疹病毒有 1、2 两型。引起口唇疱疹的为 1 型病毒（HSV−1），2 型病毒（HSV−2）则主要引起生殖器疱疹。

在 20 世纪 70 年代之前，水痘几乎是所有人童年必须经历的一次疾病。儿童感染后，皮肤和黏膜出现周身性的红色斑丘疹、疱疹，在注意护理的情况下，病情一般会在 2 ~ 3 周内自愈。出过水痘的儿童在其后的一生中一般不会再出现水痘症状。如果童年时"侥幸"没有出过水痘，在成年后出现，症状反而会更加严重。

水痘是由单纯疱疹病毒的同科"亲戚"，水痘 – 带状疱疹病毒急性感染引起的。儿童时期患过水痘愈合之后，病毒可以潜伏在神经节中。成年后，当人体免疫力下降时，病毒会重新激活，在沿着神经所支配的皮肤细胞内增殖，形成带状分布的水泡，即带状疱疹。带状疱疹通常使人疼痛难忍，持续数周，甚至更长的时间。带状疱疹可以多次复发。

1954 年，美国科学家托马斯·哈克尔·韦勒首次分离出水痘 – 带状疱疹病毒。1974 年，日本科学家高桥理明研发出了水痘 – 带状疱疹病毒减毒活疫苗。注射疫苗，可以有效预防感染。

人类疱疹病毒属于 DNA 病毒，发展出了趋向于与人共存的持续性感染策略。不过，也不能轻视疱疹病毒的感染。单纯疱疹病毒感染眼角膜可能引起失明，感染脑部引起疱疹性脑炎有较高病死率；水痘－带状疱疹病毒引起的成人水痘有生命危险，复发带状疱疹也有引起脑炎、角膜溃疡、失明的风险。

□ 冠状病毒的凶猛袭击

"无国界医生"是 1971 年 12 月在巴黎成立的一个国际性的医疗人道主义救援组织。许多国家的专业医学人员志愿加入该组织，致力于为身陷贫穷、落后或战乱、动荡中的人们提供医疗救助。"无国界医生"组织曾获得 1999 年的诺贝尔和平奖。意大利医生卡洛·乌尔巴尼代表该组织上台领奖。

1956 年，卡洛·乌尔巴尼出生于意大利的一个沿海小镇。1998 年开始为世界卫生组织工作，是负责疟疾和其他寄生虫病防治的公共卫生专家。2003 年 2 月 26 日，一位美籍华裔商人因疑似禽流感的症状被送往越南首都河内的一家医院。由于病人病情迅速恶化，医院于 28 日致电世卫组织，当时正在越南工作的乌尔巴尼前去检查。两天后，医院的几名工作人员也出现了干咳、呼吸困难、发热等类似症状。乌尔巴尼让医院立即隔离所有出现这些症状的患者和工作人员。医院对公众关闭，工作人员穿上了防护服，恐慌的气氛开始逐渐蔓延。而乌尔巴尼每天都在那里，一边亲自救治病人，一边给其他医生讲解治疗方法，同时收集样本。

在连续工作了两个星期后,乌尔巴尼要到泰国参加一个会议。3月11日,乌尔巴尼到达泰国,一下飞机就病倒了。18天后,即3月29日,乌尔巴尼医生死于自己一个月前发现和命名的疾病——"严重急性呼吸系统综合征"(SARS)。

其实,这种看似流感却又明显不同的疾病自2002年11月以来就一直在中国广东省传播,到2003年2月9日,广州市已经有一百多个病例,其中有不少是医护人员,在这些病例中有2例死亡。这时正值中国春节前后,春运的大量人口流动导致疫情迅速扩散。

2月下旬,疫情传播到香港。一名美国商人在此时途经香港到达越南河内,26日病发入院。这名商人正是前面提到的乌尔巴尼命名的病例。乌尔巴尼通知了世界卫生组织日内瓦总部。当天,世界卫生组织发出了一项内部警报,要求各国专家前往河内帮助应对疫情。3月15日,世界卫生组织公开宣布该综合征为"全球健康威胁"。在各方的紧急支援和努力之下,越南的SARS疫情被控制了,自3月22日起,没有再出现新的病例。4月16日,世界卫生组织在日内瓦宣布确认引起SARS的病原体是一种新型冠状病毒,命名为SARS冠状病毒(SARS-CoV)。

3月6日,北京出现第一例输入性病例。3月10日,香港媒体报道:香港威尔斯亲王医院在过去的几天内,已有10多名医护人员出现症状。3月13日,台湾报道第一例病例。3月15日后,病毒已经从东南亚传播到澳大利亚、欧洲和北美。

3月22日到4月15日,香港淘大花园在短时间内出现300多个SARS病例。病人普遍出现腹泻、发烧和呼吸困难的症状，最终有 42 人不治身亡。到 4 月 27 日，香港累计有 133 人死于 SARS，成为当时全球死亡人数最多的地区。

从 2002 年冬季到 2003 年夏季，SARS 疫情在全球造成近万人感染，死亡率超过 10%。SARS 发生以来，一直没有有效的疫苗获批，SARS 疫情戛然而止并非由于疫苗接种或自然感染形成了群体免疫。其消失的原因至今仍是一个谜，它会不会在某个时刻从某个地方再次悄然出现呢？

冠状病毒是一类球形的 RNA 病毒，其外膜上有明显的棒状粒子突起，看上去像中世纪欧洲帝王的皇冠，因此被命名为"冠状病毒"。1937 年，科学家就从家禽体内分离出了冠状病毒，只不过当时还没有命名。1965 年，科学家从一名感冒患者的鼻腔冲洗物里分离出了第一种人类冠状病毒。

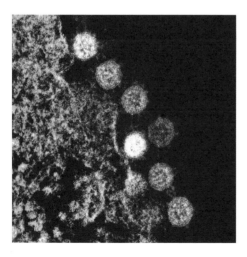

SARS 病毒的彩色透射
电子显微镜照片

1975 年，第二种人类冠状病毒被发现，国际病毒分类委员会在这一年建立了冠状病毒科。直到 2003 年之前，人类已经发现了多种动物冠状病毒和 4 种人类冠状病毒。由于这些病毒最多只引起了人的轻微感冒样症状，被认为不是十分重要。这也使人们对这些冠状病毒的认识一直比较有限。

2002—2003 年，SARS 病毒突然出现，对人类展开猛烈进攻。似乎"温顺"而"熟悉"的冠状病毒突然露出了恐怖的一面。

2012 年，又一种类似 SARS 的疾病出现在沙特阿拉伯，随后逐渐扩散到阿联酋、卡塔尔、约旦、黎巴嫩等中东地区国家。后来证实，这种疾病是由另一种类似 SARS 的冠状病毒引起的。这种病毒被命名为"中东呼吸综合征冠状病毒"（简称 MERS-CoV）。MERS 病毒的致死率高达 40% 以上，好在 MERS 病毒一直未发生大规模的人际传播，患者一般是因与被感染的动物接触而染病的。

这些"突然出现"的凶猛病毒到底从何而来？因为在 SARS 之前发现的冠状病毒多以动物为自然宿主，那么，SARS 病毒是否也有可能是由某种动物传播给人的呢？

2003 年春季，SARS 疫情暴发不久，工作于香港大学的中国病毒学家管轶就注意到，几乎所有早期患者都有动物接触史。管轶等人采集了深圳一个集贸市场里销售的多种动物样本，包括 7 种野生动物：河狸、鼬獾、野兔、麂、猪獾、花面狸（俗称果子狸）、貉和 1 种家养动物：家猫。这些动物都是经兽医确认处于"健康"状态，准备被端上食客餐桌的。结果，对这些动物的鼻腔分泌物和粪便检测发现，好几只果子狸体内存在 SARS 病毒；一只貉不仅粪便中存在病毒，体内还有非常高浓度的抗 SARS 病毒抗体。果子狸是当地人追捧的"野味"，这表明，SARS 病毒很可能是由果子狸等野生动物传给人类的。同时，科学家们还发现，在养殖场或自然界中的果子狸中并没有大规模地染上 SARS 病毒，用人体内发现的 SARS 病毒感染果子狸，果子狸也会出现明显症状。这表明，果子狸很可能并不是 SARS 病毒的自然宿主，它们携带的病毒同样来自其他动物。

2005 年，中国科学院武汉病毒研究所的石正丽研究员在《科学》杂志发表论文，论证了蝙蝠是 SARS 病毒的自然宿主。至此，人类大致了解了疫情的由来：引起疫病的病毒从蝙蝠出发，通过果子狸等中间宿主，最终传递给人类。在这个很可能是隐秘而漫长的传播过程中，病毒发生了更加适应人体的变异，最终变成了高传染性、高致死率的人类病毒。

2019 年的冬季，又一种与 SARS 高度同源的、凶险的新型冠状病毒向人类发起了进攻。目前，这次疫情仍未结束。

从文明诞生至今，快速发展的科学技术使得人类获取自然资源、改变自然面貌的能力越来越强大，一个又一个的"超级工程"以越来越快的速度出现。当人类满怀信心迎接"千禧年"，进入 21 世纪的时候，很多人相信，无论是生命的奥秘还是浩瀚的宇宙，都已经或即将被我们揭晓。然而，短短不到 20 年，前所未见的新型病毒发起了三次进攻，人类仓皇应战。最近的一次，疫情尚未结束，已造成全球近 500 万人死亡，整个世界的格局都受到了深远的影响。这似乎是在提醒我们：在地球自然界中，人类还只是一个懵懂莽撞的少年。

第3章

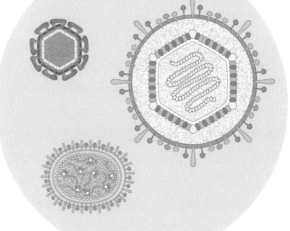

病毒的星球
BINGDU DE XINGQIU

第 1 节　病毒的起源

□ 生命的奥秘

1859 年 11 月 24 日，是一个值得记住的日子。这一天，达尔文的《物种起源》出版了。160 多年过去，在这部巨著的引领和启发之下，人类已经初步描绘出了一幅跨越数十亿年的生命宏图：现在地球上所有的生物都源自同一个祖先，随着地球历史的演进，散布到多样的自然环境中，形成了一株壮丽的生命演化之树。然而，病毒却在这棵巨树的上空投下了一片阴影——这种生命体是如此简洁而高效，却又与所有的细胞生命截然不同。它们与众多细胞形态生命的关系令人百思不得其解：病毒从哪里来？它们经历了怎样的起源与进化？

这些，至今还是一个谜。

1936 年，苏联生物化学家亚历山大·伊万诺维奇·奥巴林出版了他的著作《地球上生命的起源》。在这本书里，奥巴林阐述了他关于生命起源的假说：生命的起源可以分为四个阶段，即从无机小分子生成有机小分子的第一阶段、从有机小分子生成有机大分子的第二阶段、从有机大分子物质组成多分子体系的第三阶段和有机大分子体系演变成原始生命的第四阶段。这种理论被称为生命的"化学起源假说"。

1953 年，美国芝加哥大学研究生斯坦利·米勒在其导师哈罗德·尤里的指导下，完成了模拟原始海洋与大气条件、由无机混合物获得有机化合物的实验。米勒在密闭无菌的烧瓶里装入水、甲烷、氨、氢气等，通过电极放电（模拟闪电），生成了氨基酸、糖类和脂类等小分子有机化合物。这一实验结果在很大程度上支持了生命的化学起源假说。

然而，就连米勒自己都认为："这些见解只是推测，因为我们根本不知道地球当初形成时，大气是否处于还原状态……"而且，即使在原始的地球环境中确实发生过米勒实验所模拟的过程，但从这些小分子有机物中又如何产生了大分子的蛋白质、核酸？蛋白质、核酸等物质又如何跨越关键的一步，形成了具有自我复制、繁殖功能的生命？这些问题仍旧没有确定的答案。

人们对化学起源假说的一个重要质疑就是，很难想象简单的有机小分子依靠随机的聚合作用，就能产生像 DNA 这样具有精妙结构的活性分子。并且，在从细菌到人类的所有现代生物中，核酸储存的遗传密码控制着蛋白质的合成，而核酸要执行遗传物质的功能又需要蛋白质作为催化剂。这样一来，在生命的起源中是先有核酸还是先有蛋白质，就成了一个像"先有鸡还是先有蛋"一样的问题。

1986 年，美国分子生物学家沃特·吉尔伯特提出了重要的"RNA 世界假说"。该假说认为，在地球生命的萌芽期，存在一个这样的阶段：生命的信息由 RNA 存储，并且，一部分 RNA 分子能自我催化、自我复制——这解答了 DNA 和蛋白质的"鸡蛋悖论"：既不是先有"鸡"，也不是先有"蛋"，

奇蹄动物

食肉动物

灵长动物

偶蹄动物

有袋类

爬行动物

哺乳动物

昆虫

棘皮z

节肢动物

腕足类

环节动物

软体动物

腔肠动物

腹足类

动

头足类

双壳类

真

古生菌

L

生命走

鸟类

蜥臀类

鸟臀类

两栖动物

被子植物

物

裸子植物

真菌

蕨类植物

绿藻

苔藓

植物

红藻

真细菌

病毒

生命的演化　王俊　许祺

而是先有了 RNA！该系统进化到最后，RNA 存储遗传信息的功能被结构更加稳定的 DNA 代替，而催化功能则由催化能力更强的蛋白质所取代，从而形成了现代的 DNA-RNA-蛋白质世界。后来，美国科学家西德尼·奥尔特曼和托马斯·切赫相继发现了具有催化能力的 RNA 分子，则为该假说提供了实验支撑。

"RNA 世界假说"为病毒的起源提供了这样一种可能：在 40 多亿年前，有机大分子形成以后，生命的演化来到了第一处岔路。一些"革新派"走上了复杂化、大型化的细胞之路；另一些"保守派"则走向了精简、高效的病毒之路。病毒寄生在细胞中，与宿主共同进化。而生存至今的类病毒、卫星病毒，其实就是古老"RNA 世界"的"遗老"。

"所有地球生物源自同一祖先，通过演化形成今日世界"这幅秩序井然而又神奇壮阔的图景，对于所有科学家来说，有着不可抗拒的吸引力。病毒起源于"RNA 世界"里的原始大分子这一假说令人鼓舞之处在于将病毒也纳入地球生命的进化谱系之中。但是，这是否就是病毒起源问题的答案呢？

20 世纪 70 年代，美国科学家卡尔·乌斯发现，一些生活在高温热泉、盐碱池沼等极端环境中的微生物，原本被认为属于细菌，但其实与细菌的亲缘关系相去甚远。乌斯通过对细胞中核糖体 RNA 的研究提出，约在 30 亿年前，生命就已经"兵分三路"，演化出古菌、细菌和真核生物三大类群。乌斯把这三大类群称为"域"，这是一个比"界"更大的分类阶元。三个生命域来自于一个共同的祖先——Last Universal Cellular Ancestor（最终的通用细胞祖先）。这一假说引起了众多科学家的关注，大家亲切地把这位神秘的"最终祖先"称为"露卡"（LUCA）。如果病毒起源于原始大分子的假说是成立的，那么，早在露卡出现的时候，病毒就已经跟细胞生命分道扬镳了。生命三域中没有病毒的位置，它们是与细胞生命截然不同的"第四域"生命。

1992 年，一位英国微生物学家在英国布拉德福德一家医院的冷却塔中发现了一种巨大的病毒。这种球形的病毒寄生在冷却水里的变形虫体内，直径超过 400 nm（腺病毒、冠状病毒等常见病毒的直径通常在 80nm ～ 100 nm 之间）。如此巨大的体形使发现者认为这只是一种细菌。2003 年，法国科学家重新研究这些样本时发现，这是一种前所未知的病毒。这种病毒不仅有超出某些细菌的巨大体形，还有着远远多于普通病毒的基因。科学家把这种病毒命名为拟菌病毒（Mimivirus，"米米病毒"）。2008 年，科学家又发现了"妈妈病毒"（Mamavirus）；2013 年，发现了直径达 1 μm 的"潘多拉病毒"（Pandoravirus）。

米米病毒等拟菌病毒能够在显微镜下被观察到，但它们更加独特之处在于：它们含有的 DNA 能够编码 RNA 信息翻译成蛋白质过程所需的分子——常规的病毒是通过宿主细胞来完成这一任务的。这表明，这些巨型病毒的祖先可能能够在宿主细胞外存活。然而这项发现却使研究者分成了两个阵营：一方认为病毒源自可悲的"囚徒"：一些原本自给自足的有机体，因偶尔被困在其他细胞内，抛弃了它们不再需要的基因后变成了寄生于细胞的病毒；另一方则将病毒视为"叛逃者"：它们由细胞中的一些"部件"，如质粒、转座子等"逃离"细胞而形成,并在数亿年的时间里从细胞中不断获取遗传物质。

以上关于病毒起源的三种假说各有例证,同时也都存在难以解释的问题。而这种困难不仅因为人类对病毒还知之甚少,也来自病毒自身的复杂性。

从人类到草履虫,地球上真核生物间的"相似性"超出人的想像。据说,人和黑猩猩的基因相似度超过 97%,和果蝇的基因相似度超过 60%,和酵母菌的基因相似度都有约 30%。病毒与病毒之间则不是这样。病毒按其遗传物质的特性可分为三种类型:DNA 病毒、RNA 病毒、DNA 和 RNA 逆转录病毒(如嗜肝 DNA 病毒、花椰菜花叶病毒等)。这三类病毒性质明显不同 , 彼此之间,甚至是同一类型的不同病毒之间,其遗传信息都甚少共同之处。这也许说明,不同的病毒有着不同的起源和不同的进化历程:RNA 病毒起源于细胞出现前的"RNA 世界";一些 DNA 病毒由 RNA 病毒进化而来,另一些则是自身独立进化的结果。

人类对生命起源的探索仍在路上,病毒起源问题的答案我们也仍未得知。病毒见证了生命的起源与演化——但它还没有准备轻易告诉人类其中的奥秘。

□ **进化的动力**

地球上已鉴定的生物有几百万种。而地球上生存的所有物种,可能超过几千万种。地球得益于适当的温度、水和大气条件,形成了千姿百态的生态系统。高山、平原、江河、海洋、沼泽、冰川,支持着动物、植物、人类和微生物的生存繁衍，其中有复杂如各种动物、植物的高度有序的多细胞集合生物，有稍简单的细菌、原虫等单细胞生物，也有病毒等分子级别的生物类型。

地球上的生物，从简单的有机分子发展而来，逐步组合、进化、发展出复杂的生物个体，形成多样的生态系统。地球进化到今天，生物多样性是非常宝贵的资源。病毒是地球生物圈的重要一环。

微生物群体是地球生物化学循环的参与者，甚至是核心。细菌、古细菌的作用早就得到了科学公认，而病毒在地球化学循环中作用的研究则相对较少。几乎任何种类的细胞生物，都会被相应的病毒感染。因此，病毒其实也在驱动其他生物群落的化学循环。病毒、细菌、古细菌、真核生物组成复杂的相互作用网络，各种类型的生物互相捕食、竞争资源、相互影响，而病毒则能够穿梭于各种类型的生物之间。病毒在地球生态系统中的作用不容忽视，病毒生态学应受到更多的关注和重视。

另外，病毒在不同的生物界之间高效而活跃地穿梭，导致基因水平转移，有助于生物的进化。从这个角度说，病毒是生物进化的动力——既是原始动力，也是改造的动力。

许多人可能第一次听说，人类的基因组里，有大约8%的基因来自内源性逆转录病毒。这些病毒基因插入人类基因组的时间，应该是在百万年之前。它们已被"同化"为人类基因组的一部分。

病毒推动人这样的大动物，或者复杂的高级生物进化，非常不容易。但病毒推动小的生物，比如说噬菌体推动细菌进化，则容易许多。有些细菌通常情况下致病力很低，如白喉棒状杆菌，但如果从某些噬菌体中获得了毒素基因之后，就进化成了"超级战士"，成为有毒性的白喉杆菌。同样的情况，链球菌和金黄色葡萄球菌也可以从噬菌体获得不同的毒素基因，从而生产各种毒素，使其毒性大大增强。这种进化，有时候就发生在分秒之间。

这种细胞吞下外来生物而获取新性能的行为，有时对进化是有好处的。比如线粒体内共生学说就认为，细胞中的线粒体可能是进化早期的某个细胞吞噬了线粒体祖先（一种能进行三羧酸循环和电子传递的革兰氏阴性菌）形成的。具有线粒体的细胞由此获得了获取能量的本领，立刻就比其他细胞"强大"多了，获得了进化优势。

进化是建立在原有基础之上的。无论是"只争朝夕"地快速推动细菌的进化，还是"一万年太久"地慢慢推动人类进化，病毒作为生物界进化动力的角色，都不容忽视。病毒成为重要的进化动力（当然环境和其他因素也推动着生物的进化），源于其简单、多变、感染性强、大小通吃"不挑食"的特点。

第2节　地球的底色

□ 无处不在

　　我们每个人都不仅仅是一个"人"，更是一个复杂活跃的生命系统。我们生活在一个充满微生物的世界里，土壤里、水里、空气里，各种类型的微生物遍布世界的各个角落。我们也无时无刻不被携带着各种病毒的生物所包围。病毒种类繁多，我们已知的病毒至少有9110多种。而在自然界中，还有大量未被人类发现的病毒。

　　人体不是一个封闭系统，鼻腔、口腔、生殖道、尿道等，都是人体与外界物质交流的进出口，有大量的其他生物，特别是微生物由此进出人体。我们体内也充满了各种类型、数量庞大的微生物群体。微生物与人类你中有我，我中有你。长期生活在人体内，与人体共生的细菌称为常驻菌。常驻菌驻守在人体内外，口腔、鼻腔、消化道、肠道、生殖道等处和体表的皮肤、毛发、指甲上，都有常驻菌生存。

　　人体常驻微生物群落的失衡与癌症、代谢紊乱、炎症性肠病、抑郁症等许多疾病有关。微生物群落在很大程度上决定了人体健康状况，影响着人们的生活质量，某种层面上可以说微生物塑造了人类。长期生活在一起的人，菌群相似度会越来越高。

相对于常驻微生物，环境中的其他生物体也常常带来"外来微生物"，造成某个个体的外来微生物入侵。除了环境中到处都是微生物，也几乎找不到体内完全没有病毒的人。90%以上的成年人，都感染过疱疹病毒，再加上各式各样其他的病毒，每个人几乎都是一座移动的"病毒库"。我们每个人都不是孤立的，必须与人接触，这使得我们无时无刻不要面对外来病毒侵入的风险。有些病毒感染后症状明显，如患上流感、黄疸性肝炎、水痘等的病人发烧、脸黄、全身水痘，我们容易识别。可大部分感染我们从外观上根本无法判断。这些病毒，一直在与人类共存，我们时时刻刻都与这些病毒生活在一起。2021年6月《自然微生物学》杂志（*Nature Microbiology*）发表了一项有意思的研究结果，研究者用宏基因组的方法从24个不同国家的人的粪便中测出了约5万种病毒，其中90%以上为未知病毒，其中大部分（约75%）为细菌病毒——噬菌体。

几乎所有的生命体都可能被病毒感染，这是病毒宿主多样性决定的。也就是说有生命的地方，就会有病毒。病毒种类繁多，数量也是天文数字。如果将地球上所有人类、动物、植物、细菌等的细胞全部加起来，总数可能也只是所有病毒总数的零头。细菌几乎无处不在，个子又小，是数量最多的细胞生物；能感染细菌的噬菌体，则是数量最多的一类病毒。

身边的病毒有这么多种类、这么庞大的总数，那我们怎么生存？好在绝大多数的病毒有宿主界限，很难进行跨种传播。比如说数量最多的病毒——噬菌体，就只感染细菌，对人并不致病。因此有科学家尝试用噬菌体来治疗人类的细菌感染。

再比如说植物病毒，也基本不会感染动物或人类，它们危害的对象是植物，引起烟草花叶病、大豆花叶病等植物病害。当然，经济作物被病毒感染，会损害农业生产，对人类的影响也是巨大的。

人类身边和体内都充斥着各种微生物，其中也包括各种病毒。病毒在细胞内寄生，需要宿主细胞提供进入的受体和复制条件，因此病毒存在跨种传播的限制，跨界传播更是困难。大部分病毒都无法感染人。一些病毒给人类带来了切肤之痛和巨大的麻烦，如果"谈毒色变"或者认为自己"百毒不侵"，都不是合适的心态。

☐ 城市微生物图谱

在历史上，城市只能容纳少数人，多数人生活在低人口密度的农村地区。但近代以来，越来越多的人涌往大城市，城市也不得不大规模扩张。如今世界上 55% 的人口居住在城市地区。自现代微生物学蓬勃发展，包括约翰·斯诺关于霍乱的研究以来，科学家发现城市中人与微生物的互动方式与农村地区截然不同（城市更需要完善的公共卫生措施以预防传染病）。建筑环境中的微生物被认为是可能的传染源，某些疾病（如过敏症）与城市化进程有关。城市对人体健康的影响机制千差万别。其实除了疫病流行，对城市环境中微生物动态的研究也非常重要，但目前却非常不足。

2021 年 6 月，《细胞》杂志（*Cell*）发表名为 "A global meta-genomic map of urban microbiomes and antimicrobial resistance" 的文章，宣布在全球 60 个城市中发现了 1 万多种新病毒。这项研究来自国际 MetaSUB 联盟（The International MetaSUB Consortium）。研究者收集了近年来 6 大洲 32 个国家中 60 个城市的 4728 份样本，取样来自城市公共交通系统和医院的空气及物品表面。通过宏基因组测序及分析，他们发现了大量未知的微生物，包括 1 万多种病毒、1300 多种细菌、2 种古细菌和 80 多万个 CRISPR 序列。分析还表明，不同城市显示出不同气候和地理差异驱动的独特微生物群落特征，甚至不同城市中细菌的抗生素耐药性基因类型和密度差异也很大。

大量的未知病毒，并没有对人类造成大的危害，至少暂时没有。

□ **碎色郁金香**

郁金香是百合科郁金香属的多年生草本植物，花葶刚劲挺拔、花色多且艳丽，极具观赏价值，是荷兰等国的国花，也受到全世界人们的喜爱。郁金香容易感染真菌、细菌、病毒、寄生虫等，导致种球退化，严重破坏植株健康，影响观赏价值和经济效益。郁金香碎色病毒（Tulip Breaking Virus，TBV）可感染郁金香，使叶片出现深浅不一的条斑状病变，花瓣上出现斑点或条纹，即碎色花。TBV 病毒可通过汁液、鳞茎接触或蚜虫叮咬传播。

现代碎色郁金香品种"潮汐"

梁泽慧

花卉静物·油画

汉斯·布隆伯格

1639 年

花瓶中插有华丽

的碎色郁金香

尽管是一种病毒感染导致的病变，但与纯色的郁金香花比起来，碎色郁金香如火焰一般神秘而华丽，不禁让人感叹造物的神奇。几个世纪之前碎色郁金香一度引起欧洲贵族的追捧，价格非常昂贵。不过这种"病态美"如果大面积发生，将导致郁金香植株生长不良，需科学防治。

□ 养殖箱里的白斑虾

2000 年 11 月，澳大利亚达尔文水产养殖中心的工作人员注意到，有一批养殖锯缘青蟹的饲料绿虾（匙指虾科、新米虾属的一种小型虾）来自印度尼西亚。虽然这批饲料虾还未投入使用，但饲料供应商违反协议的行为还是引起了养殖中心巨大的担忧。该中心立即进行了去库存和消毒，饲料虾和青蟹样本被送入实验室进行白斑病毒（White Spot Syndrome Virus，WSSV）检测。随后发现，北领地大学的水产养殖场也在使用进口的印度尼西亚饲料绿虾养殖虎虾和斑节对虾。该养殖场也立即进行了去库存和消毒，并对印度尼西亚绿虾和斑节对虾的样本进行了 WSSV 检测。2000 年 8 月，澳大利亚曾对养殖对虾进行过早期 WSSV 病毒调查，但未检测到 WSSV。动物疾病紧急咨询委员会（Consultative Committee on Emergency Animal Diseases）认为这一次的调查非常有必要，因为这些饲料虾中极有可能存在 WSSV 病毒。如果病毒由此传播到达尔文港，那将对澳大利亚的水产养殖业造成巨大的冲击。

结果，来自达尔文水产养殖中心的一部分青蟹和来自北领地大学养殖场的所有斑节对虾的检测结果均呈 WSSV 阳性。此外，在达尔文水产养殖中心排放口附近收集的 12 只普通滨蟹（梭子蟹科、滨蟹属的一种滨海带常见蟹类）中有 5 只也呈 WSSV 阳性。这说明白斑病毒已经登陆澳大利亚。

虾白斑病（White Spot Disease）是由白斑病毒 WSSV 感染引起的，可致 80% 以上的养殖虾死亡。感染后的虾食欲不振、运动不协调、嗜睡，并在几天内死亡。这种病毒还会感染螃蟹、龙虾和一些海洋鱼类，但它们只是携带并传播病毒而没有任何症状。白斑病很少使野生鱼虾死亡，但对养殖鱼虾却是致命的。由于大量个体被关在狭小空间内，养殖虾尤其容易受到感染。病毒可在密切接触的动物之间迅速传播。小区域内的大量动物导致水中的氧气较少，废物水平较高，从而对虾造成压力也使其更容易感染疾病。白斑病会在 2 ～ 4 天内杀死养殖虾，死亡率高达 80% ～ 100%。病毒具有高度传染性，可通过活的或死的动物以及被污染的水传播。

自 1990 年代初出现以来，白斑病已成为全球甲壳类水产养殖业的最大威胁。1991 年中国报告了第一例虾白斑病，随后蔓延到世界其他主要水产养殖区，包括东亚、东南亚、美洲、印度、中东甚至欧洲。自白斑病出现以来，对虾养殖业造成的总经济损失估计为 8 亿～ 150 亿美元，每年的损失大约相当于全球虾产量的十分之一。

白斑病毒属于线性病毒科白斑病毒属成员，病毒颗粒呈卵圆形或短杆状，大小约为 250nm ～ 380nm×80nm ～ 120nm，遗传物质为双链环状 DNA，基因组达到 300kb，编码近 200 种蛋白质。这些生物学性状，与人类的痘病毒、疱疹病毒相似。

虾白斑病毒对养殖鱼虾和野生鱼虾造成威胁。一般来说对人体无害，被感染的虾可以食用，不会产生有害影响。

□ 迁徙的病毒

自 1800 年以来，全球家禽中出现了具有高死亡率的严重非细菌性传染病。这些疾病在 19 世纪和 20 世纪上半叶被称为"禽瘟"，如鸡瘟、鸭瘟等。直到 1955 年，研究人员才确定，所谓"禽瘟病毒"其实是一种 A 型流感病毒，与人流感病毒和猪流感病毒具有相似的性状。

许多年后进行的测序研究将这些禽流感病毒鉴定为 H7 亚型流感病毒，包括 A/chicken/Brescia/1902（H7N7）、A/FPV/Weybridge /1927 或 A/FPV/Dutch/1927（H7N7）和 A/chicken/FPV/Rostock/1934（H7N1）。1959 年，在苏格兰的一个养鸡场中发现了高致病性 H5 亚型［A/chicken/Scotland/1959（H5N1）］；1961 年，从南非野生普通燕鸥中分离到了 H5N3 ［A/tern/South Africa/61（H5N3）］。

由于这些最初的 H5 和 H7 分离株具有高致病性表型，因此当时认为所有 H5 和 H7 病毒都具有相似的高毒力。然而，在 1950/1960 年代从鸭子和 1960/1970 年代初从火鸡［例如 A/turkey/Ontario/77332/66（H5N9）、A/turkey/Oregon/71（H7N3）］中分离出低致病性禽流感 H5 和 H7 毒株后，表明 H5 和 H7 并不是高致病性的标志。之后，科学家陆陆续续从家禽和野生鸟类中分离得到多种高致病性和低致病性的 H5 和 H7 亚型，并且 H1—H16、N1—N9 等亚型也逐渐被分离出来。

禽瘟、禽流感和人类流感之间的关系在 1950 年代之前并不清晰，直到 1967 年，H. G. Pereira、Bela Tumova 和 R. G. Webster 提出，基于抗原交叉反应性，人类 H2N2 和 H3N2 大流行的病毒可能起源于禽类。

候鸟可携带流感病毒长距离迁徙。水禽，尤其是雁形目（鸭、鹅和天鹅等）和鸻形目（海鸥、燕鸥和鹬等）鸟类，是流感病毒的天然宿主。这些宿主物种的感染不仅通常具有低致病性，而且可以是无症状的。候鸟可能长距离无症状地携带高、低致病性流感病毒，并且鸟类流感病毒谱系可以沿候鸟飞行路线传播。例如，遥感和系统发育分析表明，在 2003—2012 年期间，东亚 H5N1 病毒的分布就遵循野鸟迁徙路线。

虽然候鸟可能是病毒传播最主要的载体，但传播模式研究表明，病毒传播也部分由受感染的家禽贸易导致。地方和宿主物种之间的传播可以通过系统动力学和系统地理学分析来推断，利用快速进化的病毒序列数据来揭示传播模式，特别适用于研究禽流感系统。系统地理学分析揭示了候鸟在北美低致病性流感大陆内循环中的作用，表明野生鸟类在 2012 至 2013 年间将 H7N3 毒株带入了墨西哥。类似地，系统地理学技术也发现亚洲不同鸟类对高致病性 H5N1 传播的影响，并且低致病性 H9N2 毒株在亚洲的传播是野生鸟类的远距离迁徙和禽类贸易局部传播相结合的结果。2004 年 H5N1 高致病性禽流感病毒的长距离传播被发现是由家禽的人为贸易运动引起的，禽类流感病毒的全球传播是家禽贸易和野生鸟类迁徙的协同作用的结果。

新的高致病性毒株来源于在引入家禽种群后从低致病性病毒祖先中出现。由于家鸭可以与野生水禽共享相同的栖息地、水和食物，它们的存在和高密度使之成为野生鸟类和家禽之间的关键中间宿主，尤其是在亚洲，在高致病性禽流感的出现和传播中发挥着重要作用。中国 H7N9 禽

近处两只为家鸭,稍远的为野生斑嘴鸭。家鸭可能是连接野鸟和家禽重要的禽流感中间宿主。

野生斑嘴鸭混入家鸭群　肖建桥

流感暴发特别显示出家鸭在野生鸟类和家禽类之间的桥梁作用,尤其是在高浓度的自由放牧鸭与可能受感染的野生鸟类密切接触的地区,例如鄱阳湖和洞庭湖。在野生鸟类到来之前在稻田中喂养大量幼鸭,可能会进一步加剧病毒在野生动物和家养动物之间的传播。

　　中国农业部于 2017 年启动了全国家禽疫苗接种计划,使用重组 H5 和 H7 二价灭活疫苗。尽管各省之间存在相当大的差异,但总体接种免疫率超过 80%。在 2017 年 9 月至 2018 年 6 月之间,只有 3 例人类感染 H7N9 的病例,而前一年则超过 700 人。只有少数(80000 份样本中的 11 份)来自鸟类或其环境的样本检测 H7N9 呈阳性,通过野生鸟类继续传播的风险已可以忽略不计,活禽市场中人类职业暴露的风险降到中低等级。2017/2018 年冬季只发现少量阳性家禽样本以及几乎没有第六次季节性人畜共患病暴发的情况表明,大规模家禽疫苗接种政策已成功降低 H7N9 病毒感染的流行率和风险。

展望未来，必然还有更多高致病性禽流感病毒出现。这种情况以前在世界局部大约每十年发生一次或两次，并且在宿主密集环境中如 H5 和 H7 低致病性病毒不受控制、根本驱动因素不消除的话，便会积累直到突变为高致病性毒株。此外，高致病性 H5 很有可能继续传播和多样化，因为它不一定会在其野生宿主中引起严重的临床症状，因此能够无声传播。因此，提高家禽的生物安全性和疫苗接种率是将这些病毒在人群中的暴发降至最低可能的重要策略。持续的禽流感病毒外溢到人类病例表明人畜共患流感对人类健康构成持续威胁。中国 H7N9 疫苗接种计划的成功表明，可以控制家禽中的病毒传播，从而大大减少人类感染的数量和人际传播的风险。因此，如果我们继续在禽类、人类和其他家畜种群中进行疾病监测，控制家禽种群中的禽流感，那么我们一定可以降低新的人类流感大流行的风险。

□ 复活的巨型病毒

在全球变暖的背景下，被困在永久冻土中的微生物成为环境微生物学家的研究重点。2014 年，法国科学家 Chantal Abergel 和 Jean Michel Claverie 从西伯利亚 3 万年前的永久冻土层中发现并重新激活了两种可感染棘阿米巴原虫的巨型病毒，西伯利亚软体病毒（Mollivirus sibericum）和西伯利亚阔口罐病毒（Pithovirus sibericum）。它们都属于巨大的拟菌病毒，是介于病毒与细菌之间的一种过渡状态生命体，但也必须依靠寄生于其他生物繁殖，故归为病毒一类，在进化史上具有特殊地位。全球范围的独立研究和宏基因组分析表明，

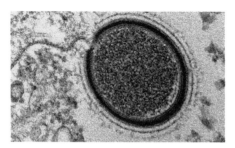

西伯利亚软体病毒的电子显微镜照片

在大多数陆地和水生环境中都存在巨型病毒，包括上更新世冻土。Pithovirus sibericum 含有 600kb 的超大 DNA 基因组，其病毒颗粒是病毒大家族中有史以来最大的，长 1.5 μm，直径 0.5 μm。尽管这些 3 万年前的病毒可人工复活并具感染性，但它们主要感染棘阿米巴原虫。阿米巴原虫会感染人，但这两种病毒本身对人并不致病。然而这么大的病毒经过冰冻数万年还能复活，不免让人担心那些低温保存在冻土或者其他地方的人类病毒，在全球变暖、极地开发时，是否也会复活从而造成"来自远古的"威胁。

如果比较基因组的复杂性和病毒颗粒的体积大小，天花病毒比这些巨型病毒稍微小一点，基因组 130kb ~ 375kb，病毒颗粒直径约 300nm ~ 400nm，比流感、艾滋和 SARS 冠状病毒大很多。动物病毒中非洲猪瘟病毒也比这些巨型病毒小，其 DNA 基因组为 170kb ~ 190kb，病毒颗粒直径 200nm 左右。环境微生物学家的研究，将逐步丰富我们对于各种环境中的病毒分布和丰度了解，尽量避免人类活动时无意中"复活"某些尘封或冰封的病原体。

第3节 亦敌亦友

在一些人的认识里，病毒——至少是进入人体内的病毒，就是人类的敌人。不管这些病毒是攻击人体引起损害，还是慢性感染悄悄"潜伏"，人类与它们，都是"势不两立"的对手。

然而，随着对病毒认识的推进，我们发现，事实似乎并非如此。

□ 从鸡开始

20 世纪 60 年代，一种叫鸡白血病的疾病经常横扫世界各地的养鸡场，对整个家禽行业都造成了威胁。科学家们在病鸡的血液中找到了一种抗原蛋白质，称为"群体特异性抗原"（Gag）。但奇怪的是，有时，健康的鸡体内也能检测到 Gag 抗原，这些鸡产下鸡蛋，孵出的小鸡是健康的，但也带有 Gag 抗原。后来，科学家还发现，Gag 抗原是作为一种显性性状，遵循孟德尔法则遗传的。这表明，产生这种抗原的基因，存在于鸡的染色体上。

1968 年，美国病毒学家罗宾·韦斯在一篇论文中提出，在正常胚胎细胞中可能存在整合的逆转录病毒。这篇论文被拒绝发表，一位审稿人表示："这是不可能的！"韦斯注意到了鸡白血病 Gag 抗原的发现。1970 年，韦斯发现用各种活化剂（如电离辐射或致癌药物）处理正常鸡细胞，鸡的血液

红原鸡 Subramanya CK

里出现了病毒颗粒。而且，韦斯还发现，无论血液里有没有Gag抗原，在物理或化学激活后，细胞中都会产生病毒。这表明，患病的鸡并不是"感染"上了某种病毒，制造病毒的遗传指令就嵌入在所有鸡细胞的DNA里。那么，这些病毒基因是什么时候进入了鸡的DNA中呢？韦斯前往马来西亚的雨林中进行实地考察，这里生活着与家鸡亲缘关系最近的野生物种——红原鸡。韦斯在当地原住民的帮助下捕捉这些鸟类，采集血样和鸟蛋。韦斯发现，红原鸡也携带着相同的病毒基因。这表明，早在几千年前，这种病毒就感染了家鸡和红原鸡的某位共同祖先。韦斯把这种病毒称为"内源性逆转录病毒"。

20 世纪 70 年代，多种内源性逆转录病毒陆续被发现。这类病毒潜伏在几乎所有脊椎动物类群中，通常不会使宿主产生任何症状。一些内源性逆转录病毒甚至可能在一亿年前就感染了哺乳动物的共同祖先，而后搭乘动物演化的"便车"，散布到从犰狳到猿猴，从鲸豚到人类的所有哺乳动物类群中。积累到今天，我们每个人的基因组中都携带有近 10 万个内源性逆转录病毒的 DNA 片段，占到人类 DNA 总量的 8%。

这些潜伏在人类 DNA 中的"间谍"，有时会发挥出意想不到的作用。

□ 倒戈者 W

1999 年，法国病毒学家让－吕克·布隆发现了一种名为 HERV-W 的人内源性逆转录病毒。这种逆转录病毒的一个基因能在人体内合成一种叫作合胞素的蛋白质。

合胞素是一种对于哺乳动物胚胎发育十分重要的物质。

HERV-W 在哺乳动物的一般组织中通常处于"冬眠"状态，但当动物受孕、胚胎形成时，沉眠的病毒基因就会开始苏醒。病毒 DNA 在卵子受精时就开始不断复制，受精卵在母体子宫内膜着床时，HERV-W 产生的合胞素使一些早期胚胎细胞间的界限消失，发生融合而逐渐形成胎盘。胎盘中最重要的屏障结构"合胞体滋养层"就是这种细胞融合的产物。哺乳动物的胎盘有两大重要功能，内分泌功能与侵袭功能。滋养层细胞又分化出绒毛滋养层和绒毛外滋养层。绒毛滋养层有强大的内分泌作用，其绒毛结构构成运输营养物

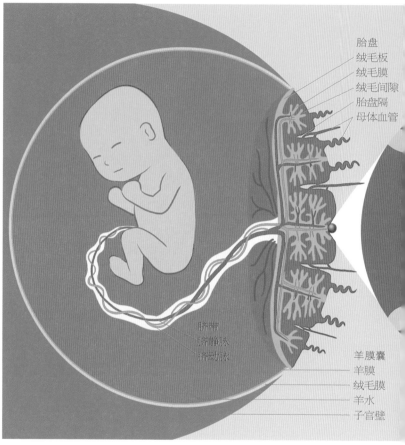

胎盘及合胞体滋养层组织结构示意图

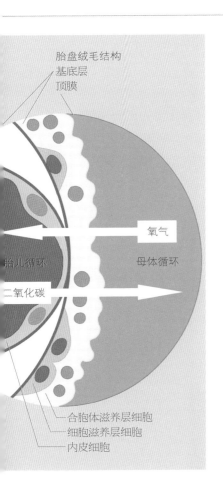

胎盘绒毛结构
基底层
顶膜

氧气

胎儿循环

母体循环

二氧化碳

合胞体滋养层细胞
细胞滋养层细胞
内皮细胞

质给胎儿的"通道";绒毛外滋养层细胞迁移到母体子宫后蜕膜,侵入子宫肌层的螺旋动脉壁,启动血管重塑,建立母—胎循环联系。

胎盘的出现,是哺乳动物演化中历史性的进步。它使得胚胎能够在母体内经过一段较长时间的发育,从而获得更高的智力、体能和适应性。胎盘的出现使哺乳动物成为恐龙等大型爬行动物被淘汰之后的新生代"霸主",这离不开 HERV-W 这个潜伏在哺乳动物体内的病毒"间谍"的"弃暗投明"。

产生合胞素并不代表病毒已经完全成为了人类的"友军",HERV 仍旧是某些自身免疫性疾病和肿瘤的可能病因。但 HERV-W 这一次的"倒戈"已足够启发人类思考:病毒也可以成为一种工具,好与坏,要看怎样使用。

□ 敌人的敌人

其实，把病毒作为治病工具的探索，在人们还不了解病毒本质的时候，就已经开始了。

1917 年，欧洲处于第一次世界大战之中。在法国的军营里，一场痢疾正在流行，加拿大裔法国医生菲利克斯·迪惠勒在治疗这些患病的士兵。当时，人类已经知道，痢疾是由痢疾杆菌引起的。迪惠勒从患病士兵的粪便中分离出痢疾杆菌，将其置于培养皿中，痢疾杆菌很快开始生长。但是，迪惠勒发现，不久之后，在痢疾杆菌的菌落上，出现了一些透明的斑点，这些斑点里的细菌消失了。迪惠勒在这些斑点上取样，接种到完好的痢疾杆菌菌落上，不久这些菌落上也出现了透明的斑点。迪惠勒认为，这是一种病毒感染、消灭了细菌。迪惠勒把这种病毒称为"噬菌体"。

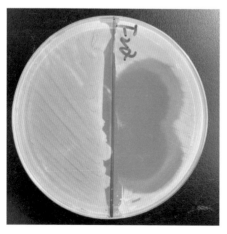

噬菌体侵染细菌形成的
噬菌斑　王辉

这时，距离贝杰林克提出"病毒"这个词还不到20年，人类对于"病毒"到底是什么还茫然不知。迪惠勒提出病毒会感染和杀死细菌的观点，引起了科学家们的质疑和争论。不过，这些争论并没有影响迪惠勒，他已经开始尝试用噬菌体治病了。迪惠勒首先在自己身上试用了噬菌体，没有发现不良反应。他给一些患病的士兵注射了噬菌体制剂，这些士兵真的痊愈了。受到鼓舞的迪惠勒开始研制噬菌体药物，甚至有制药公司将这类药物推上了市场。

1928年弗莱明医生发现了青霉素，这是人类对抗疾病历史上的一次划时代的发现。到了20世纪40年代，以青霉素为代表的抗生素真正在疾病治疗上发挥出重大的作用。抗生素效果惊人，通常能"立竿见影"般地清除感染。在抗生素的光环下，噬菌体疗法——这种让病毒成为人类"帮手"的探索，暂时停滞了。

然而，短短60多年，抗生素就暴露出了问题。从一开始，抗生素就不能杀死全部细菌，总有一些顽强的"漏网之鱼"活下来并进化出耐药性。一些地方对抗生素的滥用更加速了这一过程。21世纪伊始，越来越多的"超级耐药菌"接踵而来，这使得科学家们再次开始向噬菌体病毒寻找帮助。抗生素因为具有广谱抗菌能力，在使用时不仅会杀死致病菌，还会同时杀死体内其他非致病菌群，长期使用会引起体内菌群失调。噬菌体是特异性感染细菌的，一种噬菌体只侵染特定的一种细菌，这使得使用噬菌体可以对致病细菌进行"精准打击"而不伤及非致病菌。细菌很容易对抗生素产生抗性，但噬菌体是活的生命，虽然细菌也会产生抗性，但噬菌体会与细菌协同进化，从而在很大程度上抵消细菌的抗性。

目前，针对许多超级耐药菌感染，噬菌体疗法已在动物实验中取得了良好的效果。相信在不久的将来，噬菌体会真的成为人类对抗疾病的重要"助手"。

□ 巧妙的工具

尽管已有不少实验证据表明噬菌体药物是安全的，但对于直接把"活的"病毒引入人体，仍旧使很多人心怀顾虑。与此不同的是，还有一些利用病毒作为"工具"的办法，已经在医学治疗中发挥出了现实的作用。

遗传性疾病是由基因缺陷引起的。病毒能够将外源基因嵌入宿主的基因组中，这使得直接把正常基因引入患者细胞纠正基因缺陷，从而根治疾病成为可能。

β-地中海贫血是一种常见的遗传性疾病，是由于位于11号染色体上的β珠蛋白基因突变，导致正常β珠蛋白肽链缺失或合成量不足，α肽链相对过剩并沉积在红细胞膜上，使红细胞破坏出现溶血性贫血造成的。患儿出生后如不能有效治疗，绝大多数会在5岁前死亡。2006年，法国开展了世界首例地中海贫血基因治疗的临床试验。科学家利用患者自身的骨髓造血干细胞培养出包括红细胞在内的血液细胞，用病毒作载体，将无缺陷的基因引入这些细胞中，再将基因缺陷得到修正的红细胞移植回患者体内。结果，患者自身生成正常红细胞的能力逐渐上升，在接受治疗一年后就不再需要输血了。

急性淋巴细胞白血病（ALL）俗称"血癌"，是一种淋巴细胞在骨髓内异常增生引起的恶性肿瘤性疾病，是由多种基因改变造成的。2017年8月，美国宾夕法尼亚大学和诺华公司共同研制的一种以慢病毒（一种逆转录病毒）为载体的精准靶向疗法"替沙来塞"获批上市，成为美国食品药品监督管理局批准的第一款基因疗法。慢病毒是以艾滋病病毒为基础发展起来的基因治疗载体，能有效感染分裂细胞和非分裂细胞，在多种基因疗法中，具有广阔的应用前景。

病毒自己可以复制，不像药物需要复杂的化工生产，能够节约成本和研制时间；病毒是活的，一次注入可以长时间持续递送，效率高而持久；病毒通过感染"给药"，效率高于口服或者静脉注射等传统方式。相比传统药物，这些都是利用安全性得到验证的病毒作为载体进行基因修复的优点。当然，因为涉及基因整合、致癌等方面的隐患，病毒载体的安全性还需进一步完善和验证。

许多病毒会给人类健康造成严重损害，在人与病毒的关系中，控制病毒感染、治疗病毒性疾病，仍是最重要的内容。认识病毒，不仅能帮助我们抵御病毒的进攻，也能使我们"化敌为友"，利用病毒超强的感染性和攻击性，成为帮助人类对抗疾病的工具。更重要的是，病毒作为地球上历史最为悠久的生命形式之一，是自然界必不可少的重要成分，对于理解生命的奥秘，也有着不可替代的作用。

某种程度上，人与病毒的关系，也正是人与自然的关系。

结语

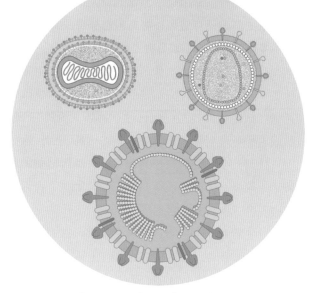

下一次大流行
XIAYICI DALIUXING

2021 年 5 月，《科学》杂志发表了《125 个科学问题——探索与发现》，医学领域的第一个问题就是：我们能预测下一次疫病流行吗？

□ 人类依靠科学迎战致命病毒

回顾历史，人类与微生物共存，也一直在与病毒、细菌等微生物进行艰难而惨烈的斗争，历史上有记录的传染病大流行（瘟疫）不胜枚举。18 世纪乾隆年间，《鸿洲天愚集》就有记载："东死鼠，西死鼠，人见死鼠如见虎。鼠死不几日，人死如坼堵。昼死人，莫问数，日色惨淡愁云护。三人行未十步多，忽死两人横截路。夜死人，不敢哭，疫鬼吐气灯摇绿。须臾风起灯忽无，人鬼尸棺暗同屋。乌啼不断，犬泣时闻。人含鬼色，鬼夺人神。白日逢人多是鬼，黄昏遇鬼翻疑人。人死满地人烟少，人骨渐被风吹老。"这段话描述了当时的鼠疫状况，也反映了人们对于鼠疫的基本认知：这种疫病与鼠相关，鼠得病会死，人接触了死鼠也会病死（实际上是因为鼠疫耶尔森杆菌通过病死鼠传给了人）；病患貌如鬼，描述了染病后的表现（死亡病人皮肤常呈黑紫色，俗称黑死病）；"三人行未十步多，忽死两人横截路"讲的是发病、死亡极其快速；"人死满地人烟少"则是描述了鼠疫大流行造成的巨大灾难。当时的中国人还没有现代医学知识，也没有微生物学的概念，并不知道鼠疫耶尔森杆菌是造成这一切灾难的罪魁祸首。但这些记载，也懵懂地提出了传染源（病死鼠）、临床表现（貌如鬼）、流行规模（人死满地）等信息，是当时医学和科学发展阶段（经验时期）的真实体现。

古人在此之前，也有很多经验用于预防传染病。例如中国饮食烹饪强调炖煮烧炸，充分加热食物和饮用水，实际上是一种消毒灭菌的理念和应用。中国人也很早开始接触人痘，以康复的人去照顾天花病人，就不容易染病了。当然，国际公认并有详细资料记载的，是18世纪末英国医生詹纳，发明了用牛痘接种预防天花，开创了预防医学的新时代。

人类历史漫长而悠久，真正能够让人与病菌的战斗天平稍稍向人类倾斜一点点，也仅仅从近百年才开始。要知道，我们开始理解生命的遗传密码——DNA的双螺旋结构才大约70年。之后我们才慢慢开始从分子水平去理解细胞、生命。在此基础上，生命科学的发展出现了指数级的迅猛上升。当然，尽管如此，我们对于生命的理解还处在非常初步的水平。

用科学知识去认识和解决传染病带来的巨大问题，是人类面对疫病时唯一的解决之道。尽管病毒扩散带来的全球大范围疫情，仍在一次次地冲击人类社会，但科学知识的积累和相关技术的进步，已使我们可以更加快速地做出基本应对。

☐ 我国的病毒科学快速发展

著名病毒学家高尚荫（1909—1989）先生，1930年毕业于东吴大学生物学系，1935年获美国耶鲁大学博士学位后回国至武汉大学任教于生物学系。1945年至1947年高先生利用学术休假再次赴美，在Wendell M. Stanley教授实验室从事病毒学研究。他于1947年回国后在武汉大学创办了中国最早的病毒学研究室，1956年牵头创建了中国科学院武汉病毒研究所，1978 年创建了武汉大学病毒学系，是我国现代病毒学的主要奠基人之一。武汉大学病毒系、中科院武汉病毒研究所源源不断地培养了大量的病毒学专业人才，被誉为中国病毒学人才的摇篮。2004 年，在经历抗击"非典"科技攻关之后，科技部批准武汉大学和中科院武汉病毒所联合建设病毒学国家重点实验室。国际上，美国加州大学圣地亚哥分校付向东教授、美国微生物科学院院士／美国国立卫生研究院资深研究员郑志明、美国科学院院士／美国弗吉尼亚州立大学黑堡分校孟祥金教授、美国微生物科学院院士／宾夕法尼亚州州立大学胡建明教授等，均有在武汉大学病毒学系或武汉大学医学部（湖北医科大学）的求学经历。

2020 年 1 月 2 日，在新冠病毒肺炎疫情突发之初，武汉大学中南医院采集得到两例疑似不明原因病毒性肺炎病例的肺泡灌洗液核酸样本，立即交由武汉大学病毒学国家重点实验室研究团队进行分析。3 日晚 23 时，通过核酸提取、扩增及一代测序初步确认此次不明原因肺炎的病原体为蝙蝠来源相近的冠状病毒，并于 4 日早上 10 时报送中国疾病预防控制中心相关负责人。5 日凌晨 5 时，通过一代测序成功获得 4 种全新病毒基因片段的序列信息，进一步确认病原体为全新冠状病毒并报告中国疾病预防控制中心相关负责人。5 日 20 时完成二代测序建库工作，7 日上午 10 时完成全部深度测序工作，得到两个样本的病毒原始测序结果。经过复杂精细的序列拼接，于当晚 19 时得到来自两个样本的新型冠状病毒的完整基因组序列，并于当晚 20 时送报中国疾病预防控制中心相关负责人。通过对来自两个样本的病毒全基因组序列进行比对，发现相似度为 100%，确认是同一株病毒。对病毒全基因组序列做进化树分析显示此次检测的病毒属于冠状病毒科、冠状病毒属、β 冠状病毒亚属。在 NCBI 数据库中未找到完全匹配的序列，说明是一株新型冠状病毒。通过将该病毒各主要基因的核酸序列进行 Blast 比对，发现与该病毒相似度最高的毒株分别是 bat-SL-CoVZXC45 和 bat-SL-CoVZXC21，均是蝙蝠来源的冠状病毒。病毒全基因组序列（MN988668.1 和 MN988669.1）作为重要参考序列，被世界卫生组织疾病预防控制局发布的《中国－世界卫生组织新型冠状病毒肺炎（COVID-19）联合考察报告》（2020 年 2 月 16-24 日）引用。在此期间，来自中国疾控中心、中科院武汉病毒所、中国医科院病原所、复旦大学上海公卫临床中心等单位的科学家进行了背靠背研究，几乎同时鉴定了新型冠状病毒。值得一提的是，2003 年"非典"暴发时，科学家花了四个多月的时间才鉴定出病原体 SARS 病毒，而这一次新冠病毒肺炎疫情暴发后，中国科学家用了不到一周的时间就鉴定了病原体，体现了我国病毒学研究方面的巨大进步。

出现这种非典型肺炎病例初期，面对这种全新的病毒感染，临床医生只能进行对症治疗。没有经验，没有特效药，有的却是时时刻刻的感染风险。最能体现早期中国医生和科学家对新冠病毒进行了深刻研究，并将研究成果分享给全世界的，是几篇一月份就发表于国际顶级期刊的医学论文。这些论文的意义，在于给大众描述了人被新冠病毒感染后可能发生的情形。如何描述一个人被病毒感染后，会有哪些可能的表现？最常用的办法就是病例队列分析，比如统计分析有多少比例的人出现某种临床表现，就能给出非常重要的信息。

《柳叶刀》（*The Lancet*）杂志 2020 年 1 月 24 日，在线发表了中日友好医院曹彬教授的论文："Clinical features of patients infected with 2019 novel coronavirus in Wuhan, China"（论文发表时，病毒被称为 2019-nCoV，即 2019 新冠）。该文描述了截至 1 月 2 日武汉某医院入院的 41 名不明原因非典型肺炎感染者的临床表现：其中多数（30 人）为男性；32%（13 人）的人具有高血压、糖尿病和心血管疾病等基础性疾病；中位年龄为 49 岁；41 例患者中有 27 例（66%）曾接触过华南海鲜市场；发现一个聚集性感染家庭；发病时的常见症状为发烧（41 例中的 40 例），咳嗽（31 例）和肌痛或疲劳（18 例）；较不常见的症状是痰液产生（11 例），头痛（3 例），咯血（2 例）和腹泻（1 例）；41 名患者中有 22 名（55%）出现了呼吸困难（从发病到呼吸困难的中位时间为 8 天）；41 名患者中有 26 名（63%）患有淋巴细胞减少症；全部 41 例患者均患有肺炎，胸部 CT 检查发现异常。并发症包括急性呼吸窘迫综合征（12 例）、RNA 血症（6 例）、急性心脏损伤（5 例）和继发感染（4 例）；13 例（32%）患者被送入重症监护病房 ICU，6 例（15%）死亡。

几乎同时，武汉大学中南医院重症医学科彭志勇教授在《美国医学协会杂志》（*The Journal of the American Medical Association*）发表了名为《中国武汉 138 例新冠肺炎病人临床表现》的论文，描述了 138 名住院病人的情况：常见症状包括发烧（136 例），疲劳（96 例）和干咳（82 例）；97 名患者（70.3%）发生了淋巴细胞减少症，80 名患者（58%）

凝血酶原时间延长，55位患者（39.9％）的乳酸脱氢酶升高。胸部CT扫描显示，所有患者的肺部均出现双侧斑片状阴影或毛玻璃影混浊。36名患者（26.1％）因急性呼吸窘迫综合征（22例）、心律不齐（16例）和休克（11例）送入ICU，病死率约4.3%。中南医院也率先报道了使用ECMO（Extracorporeal Membrane Oxygenation，体外膜肺氧合）技术能有效缓解肺部损伤造成的破坏。

在极短时间内鉴定病原体（要符合科赫法则），分析病毒序列（为疫苗研发，特别是mRNA疫苗的设计提供蓝本，也有利于设计核酸检测方法）；总结传播方式（有利于制定防控措施）；分析总结临床表现（有利于临床治疗，减少死亡率）等努力，体现了中国科学家和医生队伍的科研实力和担当。

科学知识，是人类与病毒、疫情斗争最有力的武器。不断地研究病毒，研究潜在的新病毒威胁（减少和避免病毒跨种传播），发展新的科学技术（快速准确检测病原体、疾病诊断、防护设备、抗病毒药物、有效疫苗等），保障人类社会健康有序发展，是我们不断追求的目标。

□ 迎接下一次大流行

下一次疫病大流行什么时候会发生？以什么形式发生？在哪里发生？哪种病毒会是下次大流行的主角？预测疫病大流行，不比预测地震更容易。但就像地震总会在某个时间，某个地区突然出现一样，疫病大流行也不会缺席。

当我们从历史中找答案、特别是参考近百年来的疫病大流行趋势时，我们便不会毫无头绪、毫无规律可循。首先，如上所述，近年来呼吸道病毒感染造成大流行几乎没有长时间间断过。流感、冠状病毒就是例证。其次，RNA病毒在近代史上，书写了疫病大流行的重要篇章。流感、冠状病毒、埃博拉、艾滋病、登革热、寨卡，都是RNA病毒。再次，近代史上疫病大流行背后，往往都有人畜共患病原体的影子。

大约80％的病毒，50％的细菌，40％的真菌，70％的原生动物和95％感染人类的蠕虫可人畜共患。人畜共患病原体往往还有一个隐蔽的特点，就是感染的动物有时候症状轻微或者没有症状，动物携带了病毒，但不致病。当病毒从动物跳跃至人类时，人类往往发病，也更容易出现重症甚至致死！SARS冠状病毒的自然宿主蝙蝠，携带很多病毒，但由于蝙蝠特殊的免疫系统的缘故，携带大量病毒的蝙蝠并不会发病，当病毒通过蝙蝠传递给果子狸后，果子狸也基本不发病或者症状轻微，病毒不容易被发现。当果子狸将SARS病毒传递给人类后，人的身体将作出强烈反应，症状明显，且致死率高！埃博拉、SARS、新冠等等，都体现出了这种跨种传播之后致病性大幅提高的现象。

自然界中各种微生物在野生动物间传播，既有个体间的传播，也有物种间的传播。野生动物也存在一定几率将病原体传播给家养动物。这种动物间的病原体交流传播时刻都在发生，由于野生动物分布广泛、数量众多，这种动物间的病原体交流传播事件，也是大量的，形成了病原体传播的金字塔底座。无论是野生动物还是家养动物，疫病都是重大的威胁。禽流感、猪瘟，不仅可能给野生动物带去灭顶之灾，也可能导致养殖业的灭顶之灾，影响民生，甚至影响国家食品供应和国际贸易。

人类与动物，特别是家养动物交流频繁，也存在着大量的机会与野生动物互动。病毒等微生物就有不少机会通过野生动物或者家养动物跃升到人体。尽管跨种传播有难度，但大量的人与动物，特别是与野生动物的互动，将导致不少的动物病原体侵袭人体。人感染高致病性禽流感，就是这样的例子。近两年来时有感染炭疽杆菌的报道，有几起都源于感染者在野外抓捕和剥食野生动物！万幸的是，2017 年前后我国发生的数百例人感染高致病性禽流感病毒，并未完全适应人传人，没有在人际之间广泛传播开来。适应了人传人的新冠病毒，传播力和致病性都是超乎想象的。

虽然有大量的无法避免的人被动物病毒（细菌）感染的病例，但病原体在适应人传人之前，早检测、早发现、早治疗，还是可以较好地防范这种小概率事件变成新冠这样的大流行的。

综上所述，即使是无法预测下一次疫病大流行，我们也可以进行一些预备：要加强病毒的研究。需要研究自然界、特别是与人类有关联的动物界存在的病原谱，特别要重点关注新发现的，与动物有关的 RNA 病毒及其传播方式和致病性等。如果该病毒能通过呼吸道传播，则更是需要严加检测和防范。

□ 人—动物—病毒

人类寄生于地球。我们从地球获取大量的资源、能量，世代繁衍。但我们不是地球上唯一的生物，我们必须与其他生物一起维护良好的生态平衡。如前文所述，人类感染的很多病原体来自自然界，特别是病毒从哺乳动物跨种传播至人类，另外，还有很多媒介生物帮忙递送病毒。

比如说蝙蝠，自然界中的各种蝙蝠，可以携带多种病毒而自身并不患病，成为很多病毒的自然宿主。其中就包括很多致命病毒，如亨尼帕病毒、埃博拉病毒、SARS 冠状病毒、狂犬病毒等等。非典之后再遇新冠疫情，惊慌失措的人们容易因为蝙蝠携带多种病毒，就将所有的原罪加之蝙蝠。也因为缺乏蝙蝠在生态系统中的功能研究而没有引起政府和民众的重视，蝙蝠物种多样性保护现状令人格外担忧。

蝙蝠是个神奇的物种。蝙蝠是一种独特而神秘的哺乳动物，约有 1100 种。它们是唯一能够实现真正的自力飞行的哺乳动物，在全球范围内都有发现，它们作为传粉媒介和昆虫捕食者发挥着重要的生态作用。

蝙蝠是维持生态系统健康不可缺少的动物类群。长期以来，蝙蝠在害虫控制、种子传播、植物授粉以及森林演替等方面发挥着举足轻重的作用。尽管不同的蝙蝠物种表现出食虫、食果、食蜜、食鱼、食肉甚至食血等多种多样的食性，但超过三分之二的蝙蝠专性或兼性地以昆虫为食。在生态系统中，蝙蝠是夜行性昆虫的主要控制者，每晚可以捕食大量的昆虫。据估计，圈养的蝙蝠每天消耗的昆虫约占其体重的四分之一；但在野外条件和哺乳期等高能耗时期，这个数字可高达 70%，有时甚至能超过 100%。

有人认为蝙蝠能飞行，减少了陆地捕食的消耗，故较为长寿。但显然与很多体重相似的鸟类相比，蝙蝠更长寿，说明飞行不能解释蝙蝠的长寿问题。也有人认为冬眠可能是蝙蝠减少代谢从而长寿的秘诀，可不冬眠的蝙蝠有些寿命也是很长的。关于蝙蝠长寿的研究有很多，比如有研究就发现长寿蝙蝠的端粒不会随着年龄的增加而缩短。另外，通过基因分析还发现，蝙蝠的生长激素（growth hormone）/胰岛素样生长因子 1（insulin-like growth factor 1，IGF1）轴与人类差异明显，可以解释蝙蝠很少有糖尿病和癌症。

在蝙蝠体内发现了许多致命病毒，例如 SARS 病毒、埃博拉病毒、尼帕病毒、新冠病毒、狂犬病毒等，携带病毒的蝙蝠却不会表现出明显的临床症状。而这些病毒常常会对人类和其他哺乳动物造成严重的全身性疾病，甚至导致死亡。必须说明的是，不是每一只蝙蝠，或者每一种蝙蝠都携带这么多致病病毒。

天然免疫是生物体抵御病原体侵入的第一道防线，可抗感染并维持体内环境平衡。研究表明，蝙蝠天然免疫系统的组分与其它哺乳动物类似，包含了干扰素、干扰素激活基因以及自然杀伤细胞等。例如在感染病毒之后，翼蝠（pteropid bats）可以诱导产生 III 型干扰素，而埃及果蝠（Egyptian fruit bats）则可以产生 I 型干扰素。但面对致命病毒时的表现却不同，提示蝙蝠天然免疫系统在分子功能以及调控表达上可能存在特殊性。

黑狐蝠（black flying foxes）的干扰素基因种类相比于其他哺乳动物要少，可是基础表达量很高。所谓的基础表达量（或组成性表达），指的是即使没有病毒感染的刺激，本身就有的基础水平。这就好比蝙蝠体内本身就"时刻准备好"了抗病毒策略，也就是说，蝙蝠的免疫系统始终处于战斗状态，从而在病毒进入体内、到感知、并做出反应的"空档期"，也可以有效地抑制病毒复制。人类等其他哺乳动物，在没有病毒感染的时候，干扰素表达很低，甚至没有。

也有些蝙蝠，如埃及果蝠，则拥有更多的干扰素基因，也可以刺激更多干扰素相关的抗病毒蛋白，属于另一种抗病毒策略。另外，作为重要的抗病毒蛋白，人类的 Rnase L（可以剪切病毒 RNA 从而达到抗病毒的效果）需要通过干扰素激活（2-5A）synthetase 合成酶之后才能产生；而蝙蝠则省去了 2-5A 合成酶这个环节，干扰素可直接激发 RNase L 产生，更简单明了地快速响应病毒感染。

另一方面，蝙蝠体内许多与过度免疫和炎症反应相关的分子却在表达和功能上都受到了抑制，避免了组织器官在抗病毒期间受到损伤。炎症，是机体进化获得的抗"病"行为。病毒或细菌等微生物感染后，炎症有利于控制和消灭病原体。例如炎性充血，能使表面组织得到较多的氧、营养物质和守卫物质；表面组织代谢和抗击力增加；渗出液能稀释毒素，其中所含的抗体能打扫带病菌并中和毒素等等。但过度的炎症对机体将产生病理损伤，新冠病毒感染的重症患者中，很大的因素就是过度的炎症反应损伤病人组织器官。研究发现多种蝙蝠细胞都有可以减少关键促炎因子 TNF-α 的机制，以减轻炎症反应。

蝙蝠的独特本领，使它们可以耐受病毒感染而不会过度发炎，同时又抑制了病毒的复制。

□ 压力事件与病毒溢出

近年来蝙蝠数量下降严重，亟须保护。蝙蝠在全球有

1000 多种，物种多样性极高，是世界上分布最广、数量最多、进化最为成功的哺乳动物类群之一。除极地和大洋中的一些岛屿外，地球上幅员辽阔的各种陆地生态环境都为它们所利用，并提供一系列重要的生态系统服务。然而，现存的蝙蝠面临着多重威胁，生存状况不容乐观。近年来，越来越多的人为活动导致蝙蝠的种群数量前所未有的下降或灭绝，如森林和其他陆地生态系统的耗竭或破坏、人类对洞穴的干扰、蝙蝠栖息地的丧失、猎杀、传染病、农药滥用以及日益增加的风能设备等。近 20 年的野外调查数据统计，目前中国的蝙蝠种群数量与 2000 年相比下降超过 50%，其中洞穴旅游开发、农药滥用和滥捕滥杀为最主要的三大原因。

保护蝙蝠的种群数量和栖息地免遭破坏不仅是维持生物多样性和生态系统功能的重要途径，也是生态系统完整、国民经济和人类福祉的重要保障。其实，与其担忧蝙蝠将携带的病毒传递给人类，不如担心人类对于蝙蝠栖息环境的破坏与骚扰、滥捕滥杀等行为，才是增加蝙蝠与人类、蝙蝠与病毒中间宿主接触导致病毒跨种传播的祸首。再说，即使是将地球上的蝙蝠消灭干净（当然不可能做到），其他动物体内所存储的冠状病毒、流感病毒、狂犬病毒、埃博拉病毒等，照样时时刻刻准备着迎接人类的挑衅。

压力事件（Stresful events）会使宿主和病毒关系失衡，可诱使病毒复制增加，从而导致病毒从蝙蝠体内溢出（到别的动物）。从冬眠状态苏醒（Arousal from hibernation）、继发感染（secondary infection）、笼禁（confinement in cages）、栖息地破坏（habitat destruction）等，对于蝙蝠都是压力事件，将导致抗体水平和天然免疫的下降，从而导致病毒溢出。应极力避免以上的压力事件，减少病毒从蝙蝠外溢。停止挑衅，远离野生动物，给野生动物足够的栖息地和生存环境，才是我们远离动物病毒的不二选择。

新冠疫情之后，人类需要重新思考人与自然的关系并采取及时行动。我们需要一个自然向好的世界，既需要改进保护行动，也需要采取行动解决不可持续的生产和消费问题。地球上剩余的自然空间和生物多样性必须得到保护，退化的环境亟须修复。特别是人的生产生活与野生动物混杂地区的规划与管理，需要建立和加强监测和管理，例如世界自然基金会（World Wide Fund for Nature，World Wildlife Fund）在国家公园有关规划中的建议：要对人类活动和野生动物冲突热点地区进行监测调查并设置预警机制；将人兽冲突（Human-Wildlife Conflict）管理与国家公园总体规划、建设类环境影响评估等规划评估体系相结合，减少人类开发活动的负面影响；制定相关法律法规，鼓励和引导社会资源投入，共同参与机制建设。

下一次全球范围内的疫病大流行无法避免，其发生、发展模式需要进行科学研究和科学监测，及时有效应对，避免和减少疫病对人类的冲击。尊重科学规律、尊重生态和谐、尊重生物多样性、不破坏野生动物栖息地、与野生动物保持距离、保护自然生态环境、保持社交距离、养成良好的公共卫生习惯、建设突发疫情响应和控制机制，任重道远。

附页

□ **参考文献**

[1] 洛伊斯·N.玛格纳.生命科学史.上海：上海人民出版社，
2012.7.

[2] 大卫·克里斯蒂安，辛西娅·斯托克斯·布朗，克雷格·本
杰明.大历史.北京：北京联合出版社，2016.8.

[3] 沈萍，陈向东.微生物学.北京：高等教育出版社，
2016.1.

[4] 约翰·M.巴里.大流感.上海：上海科技教育出版社，
2020.4.

[5] 布赖恩·查尔斯沃思，德博拉·查尔斯沃思.进化.南京：
译林出版社，2015.3.

[6] 李凡，徐志凯.医学微生物学.北京：人民卫生出版社，
2018.7.

[7] 曹雪涛.医学免疫学.北京：人民卫生出版社，2013.3

[8] 弗朗西斯·克里克.惊人的假说.湖南：湖南科学技术
出版社，2018.1.

[9] 董立坤，王志华.身边的昆虫.武汉：武汉出版社，
2021.5.

[10] Abergel, C., & Claverie, J. M. Pithovirus sibericum:
awakening of a giant virus more than 30 000 years. M
S—Medecine Sciences, (2014).30(3), 329—331.

［11］Challenor, S., & Tucker, D. SARS−CoV−2−induced remission of Hodgkin lymphoma. Br J Haematol, (2021).192(3), 415.

［12］Christo−Foroux, E., Alempic, J. M., Lartigue, A., et al. Characterization of Mollivirus kamchatka, the First Modern Representative of the Proposed Molliviridae Family of Giant Viruses. J Virol, (2020). 94(8).

［13］Danko, D., Bezdan, D., Afshin, E. E., et al. A global metagenomic map of urban microbiomes and antimicrobial resistance. Cell, (2021). 184(13), 3376−3393 e3317.

［14］Diener, T. O. Viroid discovery. Science, (1979). 206(4421), 886.

［15］Forterre, P. The origin of viruses and their possible roles in major evolutionary transitions. Virus Research, (2006). 117(1), 5−16.

［16］Guan, Y., Zheng, B. J., He, Y. Q., et al. Isolation and characterization of viruses related to the SARS coronavirus from animals in southern China. Science, (2003). 302(5643), 276−278.

［17］Huang, X., Li, Y., Fang, H., et al. Establishment of persistent infection with foot−and−mouth disease virus in BHK−21 cells. Virology Journal, (2011). 14;8:169.

［18］Huang, C., Wang, Y., Li, X., et al. Clinical features of patients infected with 2019 novel coronavirus in Wuhan, China. Lancet, (2020). 395(10223), 497−506.

［19］Kibenge, F. S. (2019). Emerging viruses in aquaculture. Curr Opin Virol, 34, 97−103.

［20］Kocher, A., Papac, L., Barquera, R., et al. Ten millennia of hepatitis B virus evolution. Science, (2021). 374(6564), 182−188.

［21］Lee, H. W., Lee, P. W., & Johnson, K. M. Isolation of the etiologic agent of Korean Hemorrhagic fever. J Infect Dis, (1978). 137(3), 298−308.

［22］Li, W., Shi, Z., Yu, M., et al. Bats are natural reservoirs of SARS−like coronaviruses. Science, (2005). 310(5748), 676−679.

［23］Lycett, S. J., Duchatel, F., & Digard, P. A brief history of bird flu. Philos Trans R Soc Lond B Biol Sci, (2019). 374(1775), 20180257.

［24］Nayfach, S., Paez−Espino, D., Call, L., et al. Metagenomic compendium of 189,680 DNA viruses from the human gut microbiome. Nat Microbiol, (2021). 6(7), 960−970.

［25］Verbruggen, B., Bickley, L. K., van Aerle, R., et al. Molecular Mechanisms of White Spot Syndrome Virus Infection and Perspectives on Treatments. Viruses, (2016). 8(1).

［26］Wang, D., Hu, B., Hu, C., et al. Clinical Characteristics of 138 Hospitalized Patients With 2019 Novel Coronavirus−Infected Pneumonia in Wuhan, China. JAMA, (2020). 323(11), 1061−1069.

致　谢

　　本书多数图片来自各领域、各单位专家及好友的无偿支持。有了这些图片，那些晦涩的文字和干瘪的叙述，才有了光亮和色彩，将文本从糟糕的境地拯救了回来。感谢他们。

　　感谢武汉出版社的刘从康老师，自 2020 年 9 月开始，整本书的思路、撰写、修改，离不开刘老师的耐心指导，将原本的初稿从枯燥的医学常识版本逐步进化成为了一本自然博物类科普书籍。刘老师给我的要求是：读者看得下去，作者拿得出手。尽管离这个目标还有相当距离，但已远超我最初的想象。

　　最后，我必须感谢我的夫人，武汉大学基础医学院免疫学系的陈朗老师，是她不厌其烦地看稿，提意见、提建议，不惜与我针锋相对、据理力争，让我避免了不少明显的错误。还必须感谢她和我岳母在我写稿期间，费心费力照顾小女，让我能抽身安心写作。也把这本书，献给我 1 岁的爱女芊芊。

　　由于时间仓促，加之水平有限，错漏之处敬请谅解。

（鄂）新登字 08 号

图书在版编目（CIP）数据

身边的病毒 / 冯勇著 . — 武汉：武汉出版社，2021.12

ISBN 978-7-5582-5013-2

Ⅰ . ①身… Ⅱ . ①冯… Ⅲ . ①病毒－普及读物

Ⅳ . ① Q939.4-49

中国版本图书馆 CIP 数据核字（2021）第 258587 号

著　　者：冯　勇

责任编辑：刘从康

封面设计：黄彦 301 工作室

出　　版：武汉出版社

社　　址：武汉市江岸区兴业路 136 号　　　邮　　编：430014

电　　话：（027）85606403　　　85600625

http://www.whcbs.com　　　E-mail: zbs@whcbs.com

印　　刷：湖北新华印务有限公司　　　经　　销：新华书店

开　　本：787mm×1092mm　　　1/32

印　　张：3.75　　　字　　数：80 千字

版　　次：2021 年 12 月第 1 版　　2021 年 12 月第 1 次印刷

定　　价：42.00 元

区的其他植物。这些植物之所以能够同时出现在两个相距遥远的地区，原因还要追溯到第四纪冰期。当时冰川正由北部向南部扩张，阿尔卑斯山脉地区的冰川一直延伸入山谷，许多高山植物在少数没有被冰雪覆盖的地区（比如山顶、受保护的岩壁及其他气候适宜的栖息地）幸存了下来。在气候回暖、冰川退却的时候，许多物种被带回了斯堪的纳维亚半岛，因为它们生长的冰川前缘地带有着和阿尔卑斯山脉地区近似的气候环境。如今，这些植物已经有了两处家乡：阿尔卑斯山脉地区和更为遥远的北半球高纬度地区。

证花瓣是否真的具有保暖的作用,就不得不扯下一些花朵的花瓣。如果这一理论是正确的,那么花瓣被破坏的花朵中的温度应该就会比那些完好无损的花朵中的温度低一些。后一研究者并没有前往阿尔卑斯山脉地区,只是在挪威海拔1550米的地区对冰川毛茛开展了实验。冰川毛茛是一种所谓的"北极高山植物",也就是说,不仅在阿尔卑斯山脉,在北半球的高纬度地区也可以看见冰川毛茛的身影,但是在这两个地带之间却没有其踪迹。考虑到这一情况,我会对此进行进一步的深入研究,因为其中隐藏着关于冰川毛茛的更多秘密。

最终,两位植物学家的发现完全佐证了他们的观点。未遭受破坏的已经枯萎的花朵中的温度,比花瓣被摘下来的花朵中的温度要高得多。在晴天,这一温差达到2.8℃,阴天则在大约0.5℃。尽管这一温差并不是特别大,但是在高山的严冬季节,这对于正在发育的种子具有重大的意义。

拥有第二故乡的植物

由此可见,冰川毛茛为了适应高山的自然环境,对自身的生理特性做出了重大调整。它们的地理分布也独具特色,除了阿尔卑斯山脉地区,它们也能在斯堪的纳维亚半岛安家,并和其他具有类似分布特征的植物为邻。事实上,人们在北极圈以北能够遇到许多阿尔卑斯山脉地区的植物,比如仙女木、不同种类的虎耳草属植物,以及来自德国巴伐利亚阿尔卑斯山脉地